この本の特長と使い方

題回数ギガ増しドリル!

学習する内容が、この1冊でたっぷり学べます。

1枚ずつはがして
使うこともできます。

✎ もう1回チャレンジできる!

裏面には、表面と同じ問題を掲載。
解きなおしや復習がしっかりできます。

---

6 小数のかけ算①

目標時間 ⏱ 20分

✐学習した日　月　日　得点

名前

／100点

1506
解説→171ページ

❶ 24×3.2を計算します。ア～エにあてはまる数を答えましょう。
24×32を計算すると、ア です。

1つ4点【16点】

24×3.2
↓　　イ倍　　ウ
24×32　　だから、24×3.2はエ です。

ア（　　）イ（　　）ウ（　　）エ（　　）

❷ 32×0.41を計算します。ア～エにあてはまる数を答えましょう。
32×41を計算すると、ア です。

1つ4点【16点】

32×0.41
↓　　イ倍　　ウ
32×41　　だから、32×0.41はエ です。

ア（　　）イ（　　）ウ（　　）エ（　　）

❸ 次の計算をしましょう。

1つ4点【24点】

(1) 27×1.8＝　　　　(2) 31×6.5＝

(3) 54×7.3＝　　　　(4) 72×2.4＝

(5) 13×2.2＝　　　　(6) 49×3.6＝

❹ 次の計算をしましょう。

1つ3点【24点】

(1) 43×0.02＝　　　(2) 64×0.38＝

(3) 71×0.35＝　　　(4) 59×0.69＝

(5) 202×0.12＝　　　(6) 716×0.83＝

(7) 431×0.19＝　　　(8) 523×0.25＝

❺ 1mのねだんが260円のリボンがあります。このリボンを3
いました。3.2mの代金は何円ですか。

【全部

(式)

答え（

スパイラル
コーナー

🔄 次の計算をしましょう。

1つ8点【16

(1) $1\frac{1}{6} - \frac{5}{6} =$

(2) $4\frac{4}{5} - 2\frac{1}{5} =$

裏面

もう1回チャレンジ!!

6 小数のかけ算①

目標時間 ⏱ 20分

✐学習した日　月　日　得点

名前

／100点

1506
解説→171ページ

❶ 24×3.2を計算します。ア～エにあてはまる数を答えましょう。
24×32を計算すると、ア です。

1つ4点【16点】

24×3.2
↓　イ倍　ウ
24×32　だから、24×3.2はエ です。

ア（　）イ（　）ウ（　）エ（　）

❷ 32×0.41を計算します。ア～エにあてはまる数を答えましょう。
32×41を計算すると、ア です。

1つ4点【16点】

32×0.41
↓　イ倍　ウ
32×41　だから、32×0.41はエ です。

ア（　）イ（　）ウ（　）エ（　）

❸ 次の計算をしましょう。

1つ4点【24点】

(1) 27×1.8＝　　(2) 31×6.5＝

(3) 54×7.3＝　　(4) 72×2.4＝

(5) 13×2.2＝　　(6) 49×3.6＝

❹ 次の計算をしましょう。

1つ3点【24点】

(1) 43×0.02＝　　(2) 64×0.38＝

(3) 71×0.35＝　　(4) 59×0.69＝

(5) 202×0.12＝　　(6) 716×0.83＝

(7) 431×0.19＝　　(8) 523×0.25＝

❺ 1mのねだんが260円のリボンがあります。このリボンを3.2m買
いました。3.2mの代金は何円ですか。

【全部14点】

(式)

答え（　　　　）

次の計算をしましょう。

1つ8点【16点】

(1) $1\frac{1}{6} - \frac{5}{6} =$

14

計算ギガドリル　小学5年

答え

わからなかった問題は、◁»ポイントの解説を
よく読んで、確認してください。

1 整数と小数①　　3ページ

❶(1)31.7　(2)317　(3)3170
❷(1)10倍　(2)1000倍　(3)100倍
❸(1)100倍　(2)1000倍
❹(1)1000倍　(2)100倍　(3)10倍
❺(1)1219　(2)39.1　(3)895
　(4)4170　(5)22300　(6)5930
　(7)9.1　(8)0.5　(9)30
　(10)17　(11)270　(12)90

🔄(1)$\frac{9}{7}$　(2)$\frac{19}{5}$　(3)$2\frac{1}{3}$　(4)4

まちがえたら、解き直しましょう。

◁»ポイント
❶整数や小数を、10倍、100倍、1000倍すると、
小数点は右にそれぞれ1つ、2つ、3つ移動します。
(1)3.17の小数点を右の図のように
右に1つ移動して31.7になります。
(2)3.17の小数点を右の図のように
右に2つ移動して317になります。
(3)3.17の小数点を右の図のように
右に3つ移動して3170になります。
❷8.02から小数点が右にいくつ
移動するのかを考えます。

2 整数と小数②　　5ページ

❶(1)5.92　(2)0.592　(3)0.0592
❷(1)$\frac{1}{10}$　(2)$\frac{1}{1000}$
❸(1)$\frac{1}{10}$　(2)$\frac{1}{1000}$
❹(1)24.63　(2)3.941　(3)0.972
　(4)0.229　(5)0.442　(6)0.6738
　(7)0.0183　(8)0.0502　(9)0.369
　(10)0.00496　(11)0.0272　(12)0.03001

🔄(1)$\frac{7}{8}$　(2)1　(3)$\frac{6}{5}\left(1\frac{1}{5}\right)$　(4)$\frac{11}{7}\left(1\frac{4}{7}\right)$

まちがえたら、解き直しましょう。

◁»ポイント
❶整数や小数を、$\frac{1}{10}$、$\frac{1}{100}$、$\frac{1}{1000}$にすると、
小数点は左にそれぞれ1つ、2つ、3つ移動します。
(1)59.2の小数点を右の
図のように3つ移動
します。
(2)59.2から小数点が左にいくつ移動するのかを考
えます。

(1)80.2は8.02の小数点を右に1つ移動した数な
ので10倍になります。
(2)8020は8.02の小数点を右に3つ移動した数
なので、1000倍になります。
❸0.724から小数点を右に2つ移動した数を考
えます。
(1)72.4は0.724の小数点を右に2つ移動した数
なので、100倍になります。
❹(1)小数点を右に2つ移動して、30
(9)11は$\frac{7}{7}$だから、$1\frac{2}{7} = \frac{7}{7} + \frac{2}{7} = \frac{9}{7}$
(2)3は$\frac{15}{5}$だから、$3\frac{4}{5} = \frac{15}{5} + \frac{4}{5} = \frac{19}{5}$
(3)$\frac{7}{3} = \frac{6}{3} + \frac{1}{3} = 2 + \frac{1}{3} = 2\frac{1}{3}$
(4)分子16は分母の4でわれるので、4となります。

(3)0.0203は2.03の小数点を右に3つ移動
した数なので、$\frac{1}{1000}$になります。
(6)小数点を左に1つ移動して、24.63
(7)小数点を左に2つ移動して、0.0183
(9)小数点を左に3つ移動して、0.369
❷分母が同じ分数のたし算は、分母をそのままに
して、分子どうしをたします。
(1)$\frac{3}{8} + \frac{4}{8} = \frac{7}{8}$
(2)$\frac{2}{9} + \frac{7}{9} = \frac{9}{9} = 1$
(3)$\frac{2}{5} + \frac{4}{5} = \frac{6}{5}\left(1\frac{1}{5}\right)$
(4)$\frac{5}{7} + \frac{6}{7} = \frac{11}{7}\left(1\frac{4}{7}\right)$

169

✎ スパイラルコーナー!

前に学習した内容が登場。
くり返し学習で定着させます。

✎ マルつけはスマホでサクッと!

その場でサクッと、赤字解答入り誌面が見られます。

くわしくはp.2へ

✎「答え」のページはていねいな解説つき!

解き方がわかる◁»ポイントがついています。

1

📱 スマホでサクッと！
らくらくマルつけシステム

「答え」のページを見なくても！その場でスピーディーに！

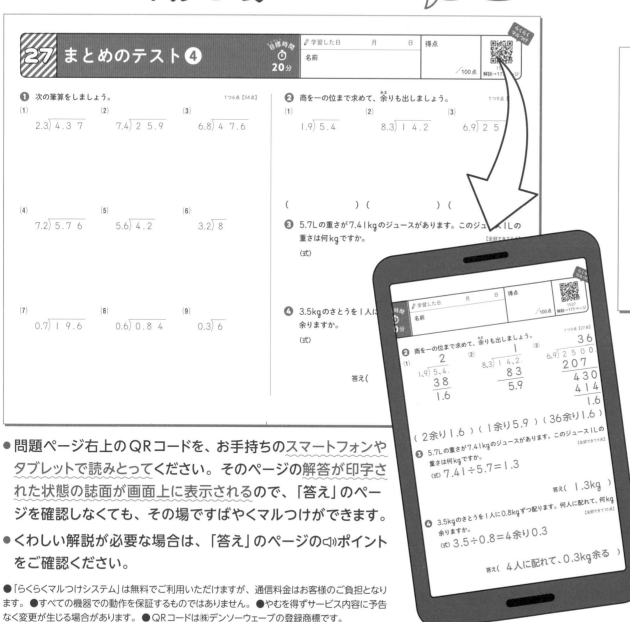

● 問題ページ右上のQRコードを、お手持ちのスマートフォンやタブレットで読みとってください。そのページの解答が印字された状態の誌面が画面上に表示されるので、「答え」のページを確認しなくても、その場ですばやくマルつけができます。

● くわしい解説が必要な場合は、「答え」のページの◁»ポイントをご確認ください。

● 「らくらくマルつけシステム」は無料でご利用いただけますが、通信料金はお客様のご負担となります。● すべての機器での動作を保証するものではありません。● やむを得ずサービス内容に予告なく変更が生じる場合があります。● QRコードは㈱デンソーウェーブの登録商標です。

🎖 プラスαの学習効果で成績ぐんのび！

パズル問題で考える力を育みます。

巻末の総復習＋先取り問題で、今より一歩先までがんばれます。

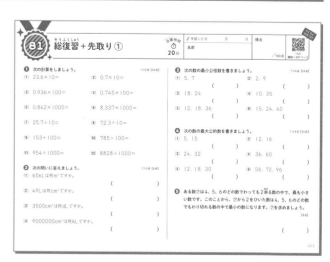

1 整数と小数 ①

❶ 3.17という数について、次の問いに答えましょう。　1つ4点【12点】

(1) 10倍した数はいくつですか。
（　　　　　）

(2) 100倍した数はいくつですか。
（　　　　　）

(3) 1000倍した数はいくつですか。
（　　　　　）

❷ 次の数は、8.02を何倍した数ですか。　1つ4点【12点】

(1) 80.2　　　　　(2) 8020
（　　　　）　　（　　　　）

(3) 802
（　　　　）

❸ 次の数は、0.724を何倍した数ですか。　1つ4点【8点】

(1) 72.4　　　　　(2) 724
（　　　　）　　（　　　　）

❹ 次の数は、0.027を何倍した数ですか。　1つ4点【12点】

(1) 27　　　　　(2) 2.7
（　　　　）　　（　　　　）

(3) 0.27
（　　　　）

❺ 次の計算をしましょう。　1つ4点【48点】

(1) 121.9×10＝　　　　(2) 3.91×10＝

(3) 8.95×100＝　　　　(4) 41.7×100＝

(5) 22.3×1000＝　　　　(6) 5.93×1000＝

(7) 0.91×10＝　　　　(8) 0.05×10＝

(9) 0.3×100＝　　　　(10) 0.17×100＝

(11) 0.27×1000＝　　　　(12) 0.09×1000＝

 次の帯分数を仮分数で、仮分数を帯分数か整数で表しましょう。　1つ2点【8点】

(1) $1\frac{2}{7}=$　　　　(2) $3\frac{4}{5}=$

(3) $\frac{7}{3}=$　　　　(4) $\frac{16}{4}=$

1 整数と小数 ①

目標時間 ⏱ 20分

1501
解説→169ページ

学習した日　　　月　　　日

名前

得点
／100点

❶ 3.17という数について、次の問いに答えましょう。　　　1つ4点【12点】

(1) 10倍した数はいくつですか。

（　　　　　　　　）

(2) 100倍した数はいくつですか。

（　　　　　　　　）

(3) 1000倍した数はいくつですか。

（　　　　　　　　）

❷ 次の数は、8.02を何倍した数ですか。　　　1つ4点【12点】

(1) 80.2　　　　　　　　　(2) 8020

（　　　　　　）　　　　（　　　　　　）

(3) 802

（　　　　　　）

❸ 次の数は、0.724を何倍した数ですか。　　　1つ4点【8点】

(1) 72.4　　　　　　　　　(2) 724

（　　　　　　）　　　　（　　　　　　）

❹ 次の数は、0.027を何倍した数ですか。　　　1つ4点【12点】

(1) 27　　　　　　　　　(2) 2.7

（　　　　　　）　　　　（　　　　　　）

(3) 0.27

（　　　　　　）

❺ 次の計算をしましょう。　　　1つ4点【48点】

(1) $121.9×10=$　　　　(2) $3.91×10=$

(3) $8.95×100=$　　　　(4) $41.7×100=$

(5) $22.3×1000=$　　　　(6) $5.93×1000=$

(7) $0.91×10=$　　　　(8) $0.05×10=$

(9) $0.3×100=$　　　　(10) $0.17×100=$

(11) $0.27×1000=$　　　　(12) $0.09×1000=$

 次の帯分数を仮分数で、仮分数を帯分数か整数で表しましょう。

スパイラルコーナー

1つ2点【8点】

(1) $1\frac{2}{7}=$　　　　(2) $3\frac{4}{5}=$

(3) $\frac{7}{3}=$　　　　(4) $\frac{16}{4}=$

🖉 学習した日　　　月　　　日　　名前　　　得点　　/100点

1502
解説→169ページ

❶ 59.2 という数について、次の問いに答えましょう。　1つ4点【12点】

(1) $\frac{1}{10}$ にした数はいくつですか。

（　　　　　　）

(2) $\frac{1}{100}$ にした数はいくつですか。

（　　　　　　）

(3) $\frac{1}{1000}$ にした数はいくつですか。

（　　　　　　）

❷ 次の数は、49.3 を何分の1にした数ですか。　1つ6点【12点】

(1) 4.93　　　　　　　(2) 0.0493

（　　　　　）　　　（　　　　　）

❸ 次の数は、2.03 を何分の1にした数ですか。　1つ6点【12点】

(1) 0.203　　　　　　　(2) 0.00203

（　　　　　）　　　（　　　　　）

❹ 次の計算をしましょう。　1つ4点【48点】

(1) $246.3 \div 10 =$ 　　　(2) $39.41 \div 10 =$

(3) $9.72 \div 10 =$ 　　　(4) $2.29 \div 10 =$

(5) $44.2 \div 100 =$ 　　　(6) $67.38 \div 100 =$

(7) $1.83 \div 100 =$ 　　　(8) $5.02 \div 100 =$

(9) $369 \div 1000 =$ 　　　(10) $4.96 \div 1000 =$

(11) $27.2 \div 1000 =$ 　　　(12) $30.01 \div 1000 =$

 次の計算をしましょう。　1つ4点【16点】

スパイラルコーナー

(1) $\frac{3}{8} + \frac{4}{8} =$ 　　　(2) $\frac{3}{9} + \frac{6}{9} =$

(3) $\frac{2}{5} + \frac{4}{5} =$ 　　　(4) $\frac{5}{7} + \frac{6}{7} =$

2 整数と小数 ②

目標時間 ⏱ **20**分

学習した日　　　月　　　日

名前

得点　／100点

1502
解説→169ページ

❶ 59.2という数について、次の問いに答えましょう。　1つ4点【12点】

(1) $\frac{1}{10}$ にした数はいくつですか。

（　　　　　　　）

(2) $\frac{1}{100}$ にした数はいくつですか。

（　　　　　　　）

(3) $\frac{1}{1000}$ にした数はいくつですか。

（　　　　　　　）

❷ 次の数は、49.3を何分の1にした数ですか。　1つ6点【12点】

(1) 4.93　　　　　　　(2) 0.0493

（　　　　　　）　　（　　　　　　）

❸ 次の数は、2.03を何分の1にした数ですか。　1つ6点【12点】

(1) 0.203　　　　　　(2) 0.00203

（　　　　　　）　　（　　　　　　）

❹ 次の計算をしましょう。　1つ4点【48点】

(1) $246.3 \div 10 =$

(2) $39.41 \div 10 =$

(3) $9.72 \div 10 =$

(4) $2.29 \div 10 =$

(5) $44.2 \div 100 =$

(6) $67.38 \div 100 =$

(7) $1.83 \div 100 =$

(8) $5.02 \div 100 =$

(9) $369 \div 1000 =$

(10) $4.96 \div 1000 =$

(11) $27.2 \div 1000 =$

(12) $30.01 \div 1000 =$

 次の計算をしましょう。　1つ4点【16点】

スパイラルコーナー

(1) $\frac{3}{8} + \frac{4}{8} =$

(2) $\frac{3}{9} + \frac{6}{9} =$

(3) $\frac{2}{5} + \frac{4}{5} =$

(4) $\frac{5}{7} + \frac{6}{7} =$

3 体積の単位の計算①

 学習した日　　月　　日　　得点 ／100点

1503　解説→170ページ

❶ 次の□□□にあてはまる数を書きましょう。　　1つ6点【66点】

(1)　1cm³＝□□□mL

（　　　　　　　　）

(2)　1L＝□□□mL

（　　　　　　　　）

(3)　1dL＝□□□mL

（　　　　　　　　）

(4)　1dL＝□□□cm³

（　　　　　　　　）

(5)　1kL＝□□□L

（　　　　　　　　）

(6)　1kL＝□□□m³

（　　　　　　　　）

(7)　1kL＝□□□cm³

（　　　　　　　　）

(8)　1L＝□□□cm³

（　　　　　　　　）

(9)　1L＝□□□dL

（　　　　　　　　）

(10)　1m³＝□□□cm³

（　　　　　　　　）

(11)　1m³＝□□□mL

（　　　　　　　　）

❷ 次の問いに答えましょう。　　1つ6点【18点】

(1)　1辺が10cmの立方体に1辺が1cmの立方体をすきまがないように入れると、何個の立方体を入れられますか。

（　　　　　　　　　　　　）

(2)　1辺が1mの立方体に1辺が10cmの立方体をすきまがないように入れると、何個の立方体を入れられますか。

（　　　　　　　　　　　　）

(3)　1辺が1mの立方体に1辺が1cmの立方体をすきまがないように入れると、何個の立方体を入れられますか。

（　　　　　　　　　　　　）

🔄 **次の計算をしましょう。**　　1つ8点【16点】

スパイラルコーナー

(1)　$\dfrac{7}{5}+\dfrac{8}{5}=$

(2)　$3\dfrac{7}{11}+2\dfrac{9}{11}=$

③ 体積の単位の計算 ①

目標時間 ⏱ 20分

✏ 学習した日　　　月　　　日　　　得点

名前

/100点

1503
解説→170ページ

❶ 次の □ にあてはまる数を書きましょう。

1つ6点【66点】

(1)　1cm³＝□mL

（　　　　　　　）

(2)　1L＝□mL

（　　　　　　　）

(3)　1dL＝□mL

（　　　　　　　）

(4)　1dL＝□cm³

（　　　　　　　）

(5)　1kL＝□L

（　　　　　　　）

(6)　1kL＝□m³

（　　　　　　　）

(7)　1kL＝□cm³

（　　　　　　　）

(8)　1L＝□cm³

（　　　　　　　）

(9)　1L＝□dL

（　　　　　　　）

(10)　1m³＝□cm³

（　　　　　　　）

(11)　1m³＝□mL

（　　　　　　　）

❷ 次の問いに答えましょう。

1つ6点【18点】

(1)　1辺が10cmの立方体に1辺が1cmの立方体をすきまがないように入れると、何個の立方体を入れられますか。

（　　　　　　　　　　　）

(2)　1辺が1mの立方体に1辺が10cmの立方体をすきまがないように入れると、何個の立方体を入れられますか。

（　　　　　　　　　　　）

(3)　1辺が1mの立方体に1辺が1cmの立方体をすきまがないように入れると、何個の立方体を入れられますか。

（　　　　　　　　　　　）

🔄 **スパイラルコーナー** 次の計算をしましょう。

1つ8点【16点】

(1)　$\dfrac{7}{5} + \dfrac{8}{5} =$

(2)　$3\dfrac{7}{11} + 2\dfrac{9}{11} =$

目標時間 ⏱ 20分

学習した日　　月　　日　　得点

名前

／100点

1504
解説→170ページ

らくらくマルつけ

① 次の問いに答えましょう。　　1つ4点【44点】

(1) 5L は何 cm^3 ですか。

（　　　　　　　）

(2) 6dL は何 mL ですか。

（　　　　　　　）

(3) 300cm^3 は何 dL ですか。

（　　　　　　　）

(4) 40000cm^3 は何 L ですか。

（　　　　　　　）

(5) 5kL は何 L ですか。

（　　　　　　　）

(6) 100kL は何 m^3 ですか。

（　　　　　　　）

(7) 7000000cm^3 は何 m^3 ですか。

（　　　　　　　）

(8) 9000mL は何 dL ですか。

（　　　　　　　）

(9) 18dL は何 cm^3 ですか。

（　　　　　　　）

(10) 27m^3 は何 kL ですか。

（　　　　　　　）

(11) 10m^3 は何 cm^3 ですか。

（　　　　　　　）

② 次の問いに答えましょう。　　1つ6点【36点】

(1) 1L は 5cm^3 の何倍ですか。

（　　　　　　　）

(2) 1m^3 は 20cm^3 の何倍ですか。

（　　　　　　　）

(3) 1kL は 10L の何倍ですか。

（　　　　　　　）

(4) 1m^3 は 50L の何倍ですか。

（　　　　　　　）

(5) 1dL は 2mL の何倍ですか。

（　　　　　　　）

(6) 1kL は 1000mL の何倍ですか。

（　　　　　　　）

↻ 次の計算をしましょう。　　1つ10点【20点】
スパイラルコーナー

(1) $\dfrac{17}{5} - \dfrac{11}{5} =$

(2) $4\dfrac{2}{5} - 2\dfrac{3}{5} =$

4 体積の単位の計算 ②

目標時間 20分

学習した日　　　月　　　日　　名前

得点　／100点

1504
解説→170ページ

❶ 次の問いに答えましょう。　　1つ4点【44点】

(1) 5Lは何cm³ですか。

（　　　　　　）

(2) 6dLは何mLですか。

（　　　　　　）

(3) 300cm³は何dLですか。

（　　　　　　）

(4) 40000cm³は何Lですか。

（　　　　　　）

(5) 5kLは何Lですか。

（　　　　　　）

(6) 100kLは何m³ですか。

（　　　　　　）

(7) 7000000cm³は何m³ですか。

（　　　　　　）

(8) 9000mLは何dLですか。

（　　　　　　）

(9) 18dLは何cm³ですか。

（　　　　　　）

(10) 27m³は何kLですか。

（　　　　　　）

(11) 10m³は何cm³ですか。

（　　　　　　）

❷ 次の問いに答えましょう。　　1つ6点【36点】

(1) 1Lは5cm³の何倍ですか。

（　　　　　　）

(2) 1m³は20cm³の何倍ですか。

（　　　　　　）

(3) 1kLは10Lの何倍ですか。

（　　　　　　）

(4) 1m³は50Lの何倍ですか。

（　　　　　　）

(5) 1dLは2mLの何倍ですか。

（　　　　　　）

(6) 1kLは1000mLの何倍ですか。

（　　　　　　）

次の計算をしましょう。　　1つ10点【20点】

スパイラルコーナー

(1) $\dfrac{17}{5} - \dfrac{11}{5} =$

(2) $4\dfrac{2}{5} - 2\dfrac{3}{5} =$

5 **まとめのテスト ①**

目標時間 ⏱ 20分

✎ 学習した日　　　月　　　日　　得点

名前

／100点

1505
解説→170ページ

① **5.82 という数について、次の問いに答えましょう。**　1つ4点【12点】

(1) 10倍した数はいくつですか。

（　　　　　　　）

(2) 1000倍した数はいくつですか。

（　　　　　　　）

(3) $\dfrac{1}{100}$ にした数はいくつですか。

（　　　　　　　）

② **次の計算をしましょう。**　1つ4点【56点】

(1) 6.39×10＝　　　　　　(2) 6.72×100＝

(3) 23.1×100＝　　　　　(4) 59.8×1000＝

(5) 0.72×10＝　　　　　　(6) 3.1×100＝

(7) 0.06×1000＝　　　　　(8) 4.3÷10＝

(9) 127÷1000＝　　　　　(10) 712.2÷10＝

(11) 3.68÷100＝　　　　　(12) 89.9÷1000＝

(13) 12.1÷100＝　　　　　(14) 6.03÷1000＝

③ **次の問いに答えましょう。**　1つ4点【24点】

(1) 9dLは何cm³ですか。

（　　　　　　　）

(2) 70Lは何mLですか。

（　　　　　　　）

(3) 3m³は何kLですか。

（　　　　　　　）

(4) 600000cm³は何Lですか。

（　　　　　　　）

(5) 5000cm³は何dLですか。

（　　　　　　　）

(6) 8kLは何cm³ですか。

（　　　　　　　）

④ **次の問いに答えましょう。**　1つ2点【8点】

(1) 1Lは20cm³の何倍ですか。

（　　　　　　　）

(2) 1m³は100cm³の何倍ですか。

（　　　　　　　）

(3) 1kLは5000cm³の何倍ですか。

（　　　　　　　）

(4) 1dLは5cm³の何倍ですか。

（　　　　　　　）

5 まとめのテスト①

目標時間 20分

名前

/100点

1505
解説→170ページ

❶ 5.82 という数について、次の問いに答えましょう。 1つ4点【12点】

(1) 10倍した数はいくつですか。

（　　　　　　　）

(2) 1000倍した数はいくつですか。

（　　　　　　　）

(3) $\frac{1}{100}$ にした数はいくつですか。

（　　　　　　　）

❷ 次の計算をしましょう。 1つ4点【56点】

(1) 6.39×10＝

(2) 6.72×100＝

(3) 23.1×100＝

(4) 59.8×1000＝

(5) 0.72×10＝

(6) 3.1×100＝

(7) 0.06×1000＝

(8) 4.3÷10＝

(9) 127÷1000＝

(10) 712.2÷10＝

(11) 3.68÷100＝

(12) 89.9÷1000＝

(13) 12.1÷100＝

(14) 6.03÷1000＝

❸ 次の問いに答えましょう。 1つ4点【24点】

(1) 9dL は何 cm^3 ですか。

（　　　　　　　）

(2) 70L は何mL ですか。

（　　　　　　　）

(3) 3m^3 は何kL ですか。

（　　　　　　　）

(4) 600000cm^3 は何L ですか。

（　　　　　　　）

(5) 5000cm^3 は何dL ですか。

（　　　　　　　）

(6) 8kL は何 cm^3 ですか。

（　　　　　　　）

❹ 次の問いに答えましょう。 1つ2点【8点】

(1) 1L は20cm^3 の何倍ですか。

（　　　　　　　）

(2) 1m^3 は100cm^3 の何倍ですか。

（　　　　　　　）

(3) 1kL は5000cm^3 の何倍ですか。

（　　　　　　　）

(4) 1dL は5cm^3 の何倍ですか。

（　　　　　　　）

6 小数のかけ算 ①

目標時間 ⏱ 20分

🖊 学習した日　　　月　　　日　　得点

名前　　　　　　　　／100点

1506
解説→171ページ

❶ **24×3.2を計算します。ア～エにあてはまる数を答えましょう。**

24×32 を計算すると、 ア です。

1つ4点【16点】

だから、24×3.2は エ です。

ア（　　　）イ（　　　）ウ（　　　）エ（　　　）

❷ **32×0.41を計算します。ア～エにあてはまる数を答えましょう。**

32×41 を計算すると、 ア です。

1つ4点【16点】

だから、32×0.41は エ です。

ア（　　　）イ（　　　）ウ（　　　）エ（　　　）

❸ **次の計算をしましょう。**

1つ4点【24点】

(1)　27×1.8＝

(2)　31×6.5＝

(3)　54×7.3＝

(4)　72×2.4＝

(5)　13×2.2＝

(6)　49×3.6＝

❹ **次の計算をしましょう。**

1つ3点【24点】

(1)　43×0.02＝

(2)　64×0.38＝

(3)　71×0.35＝

(4)　59×0.69＝

(5)　202×0.12＝

(6)　716×0.83＝

(7)　431×0.19＝

(8)　523×0.25＝

❺ **1mのねだんが260円のリボンがあります。このリボンを3.2m買いました。3.2mの代金は何円ですか。**

【全部できて4点】

（式）

答え（　　　　　　　　）

🔄 **スパイラルコーナー** **次の計算をしましょう。**

1つ8点【16点】

(1)　$1\frac{1}{6}-\frac{5}{6}=$

(2)　$4\frac{4}{5}-2\frac{1}{5}=$

⑥ 小数のかけ算 ①

目標時間 ⏱ 20分

学習した日　　　月　　　日

名前

得点 ／100点

1506
解説→171ページ

❶ 24×3.2を計算します。ア〜エにあてはまる数を答えましょう。

24×32を計算すると、ア です。　　　　　1つ4点【16点】

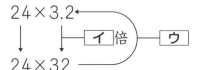

だから、24×3.2は エ です。

ア（　　　　） イ（　　　　） ウ（　　　　） エ（　　　　）

❷ 32×0.41を計算します。ア〜エにあてはまる数を答えましょう。

32×41を計算すると、ア です。　　　　　1つ4点【16点】

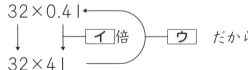

だから、32×0.41は エ です。

ア（　　　　） イ（　　　　） ウ（　　　　） エ（　　　　）

❸ 次の計算をしましょう。　　　　　1つ4点【24点】

(1) 27×1.8＝

(2) 31×6.5＝

(3) 54×7.3＝

(4) 72×2.4＝

(5) 13×2.2＝

(6) 49×3.6＝

❹ 次の計算をしましょう。　　　　　1つ3点【24点】

(1) 43×0.02＝

(2) 64×0.38＝

(3) 71×0.35＝

(4) 59×0.69＝

(5) 202×0.12＝

(6) 716×0.83＝

(7) 431×0.19＝

(8) 523×0.25＝

❺ 1mのねだんが260円のリボンがあります。このリボンを3.2m買いました。3.2mの代金は何円ですか。　　　　　【全部できて4点】

(式)

答え（　　　　　　　　　　）

 スパイラルコーナー
次の計算をしましょう。　　　　　1つ8点【16点】

(1) $1\frac{1}{6} - \frac{5}{6} =$

(2) $4\frac{4}{5} - 2\frac{1}{5} =$

7 小数のかけ算 ②

目標時間 20分

学習した日　　月　　日　　得点

名前

／100点

1507
解説→171ページ

1 60×2.6 を計算します。ア～エにあてはまる数を答えましょう。

60×26 を計算すると、ア です。　　　　1つ4点【16点】

だから、60×2.6 は エ です。

ア（　　　）イ（　　　）ウ（　　　）エ（　　　）

2 70×0.39 を計算します。ア～エにあてはまる数を答えましょう。

70×39 を計算すると、ア です。　　　　1つ4点【16点】

だから、70×0.39 は エ です。

ア（　　　）イ（　　　）ウ（　　　）エ（　　　）

3 次の計算をしましょう。　　　　1つ4点【24点】

(1) 20×1.9＝　　　　　　(2) 40×3.6＝

(3) 70×2.1＝　　　　　　(4) 80×1.5＝

(5) 200×9.8＝　　　　　(6) 600×3.3＝

4 次の計算をしましょう。　　　　1つ5点【30点】

(1) 40×0.04＝　　　　　(2) 60×0.05＝

(3) 50×0.64＝　　　　　(4) 300×0.07＝

(5) 400×0.08＝　　　　(6) 350×0.24＝

5 1mの重さが400gのパイプがあります。このパイプ2.5mの重さは何gですか。　　　　【全部できて4点】

(式)

答え（　　　　　　　　　）

スパイラルコーナー $1\frac{3}{7}$ L のミカンジュースと $\frac{6}{7}$ L のリンゴジュースがあります。次の問いに答えましょう。　　　　【10点】

(1) ジュースは合わせて何Lありますか。　　　　（全部できて5点）

(式)　　　　　　　　　答え（　　　　　　　）

(2) ミカンジュースはリンゴジュースより何L多いですか。　　　　（全部できて5点）

(式)　　　　　　　　　答え（　　　　　　　）

7 小数のかけ算 ②

目標時間 ⏱ 20分

らくらく マルつけ 1507 解説→171ページ

🖊 学習した日　　　月　　　日　　得点

名前　　　　　　　　　　　／100点

❶ 60×2.6を計算します。ア〜エにあてはまる数を答えましょう。

60×26を計算すると、[ア]です。　1つ4点【16点】

だから、60×2.6は[エ]です。

ア（　　　　）イ（　　　　）ウ（　　　　）エ（　　　　）

❷ 70×0.39を計算します。ア〜エにあてはまる数を答えましょう。

70×39を計算すると、[ア]です。　1つ4点【16点】

だから、70×0.39は[エ]です。

ア（　　　　）イ（　　　　）ウ（　　　　）エ（　　　　）

❸ 次の計算をしましょう。　1つ4点【24点】

(1) 20×1.9＝

(2) 40×3.6＝

(3) 70×2.1＝

(4) 80×1.5＝

(5) 200×9.8＝

(6) 600×3.3＝

❹ 次の計算をしましょう。　1つ5点【30点】

(1) 40×0.04＝

(2) 60×0.05＝

(3) 50×0.64＝

(4) 300×0.07＝

(5) 400×0.08＝

(6) 350×0.24＝

❺ 1mの重さが400gのパイプがあります。このパイプ2.5mの重さは何gですか。　【全部できて4点】

(式)

答え（　　　　　　　　　）

🔄 スパイラルコーナー

$1\frac{3}{7}$Lのミカンジュースと$\frac{6}{7}$Lのリンゴジュースがあります。次の問いに答えましょう。　【10点】

(1) ジュースは合わせて何Lありますか。　（全部できて5点）

(式)　　　　　　答え（　　　　　　　）

(2) ミカンジュースはリンゴジュースより何L多いですか。　（全部できて5点）

(式)　　　　　　答え（　　　　　　　）

8 小数のかけ算 ③

目標時間 ⏱ **20**分

らくらく マルつけ

📝 学習した日　　　月　　　日　　得点

名前

／100点

1508
解説→171ページ

❶ 217×36＝7812をもとにして、次の積を求めましょう。

1つ4点【16点】

(1) 2.17×36＝

(2) 217×3.6＝

(3) 21.7×3.6＝

(4) 2.17×3.6＝

❷ 小数点をうって、正しい積を答えましょう。

1つ4点【12点】

(1)
```
      7.2
×     5.1
──────────
      7 2
  3 6 0
──────────
  3 6 7 2
```
(　　　　　)

(2)
```
     5 9.3
×     6.5
──────────
  2 9 6 5
3 5 5 8
──────────
3 8 5 4 5
```
(　　　　　)

(3)
```
       6 2
×     7.4
──────────
  2 4 8
4 3 4
──────────
4 5 8 8
```
(　　　　　)

❸ 次の筆算をしましょう。

1つ5点【15点】

(1)
```
     7.2 3
×     4.2
```

(2)
```
     5.9 1
×     3.7
```

(3)
```
       6.2
×     8.7
```

❹ 次の筆算をしましょう。

1つ5点【45点】

(1)
```
     4 9.4
×     6.7
```

(2)
```
     2 3.5
×     8.9
```

(3)
```
     1 3.9
×     4.2
```

(4)
```
     3.0 8
×     6.3
```

(5)
```
     3.9 6
×     4.1
```

(6)
```
     8.2 2
×     7.9
```

(7)
```
       7 8
×     2.3
```

(8)
```
     1 0 6
×     7.2
```

(9)
```
     5 1 2
×     9.7
```

🔄 次の数は1.29を何倍した数ですか。

1つ4点【12点】

スパイラル
コーナー

(1) 129

(2) 12.9

(3) 1290

(　　　　　)　(　　　　　)　(　　　　　)

⑧ 小数のかけ算 ③

❶ 217×36＝7812をもとにして、次の積を求めましょう。

1つ4点【16点】

(1)　2.17×36＝

(2)　217×3.6＝

(3)　21.7×3.6＝

(4)　2.17×3.6＝

❷ 小数点をうって、正しい積を答えましょう。

1つ4点【12点】

(1)
```
      7.2
  ×   5.1
      7 2
    3 6 0
    3 6 7 2
```
(　　　　　)

(2)
```
     5 9.3
  ×    6.5
    2 9 6 5
    3 5 5 8
    3 8 5 4 5
```
(　　　　　)

(3)
```
      6 2
  ×  7.4
     2 4 8
    4 3 4
    4 5 8 8
```
(　　　　　)

❸ 次の筆算をしましょう。

1つ5点【15点】

(1)
```
     7.2 3
  ×   4.2
```

(2)
```
     5.9 1
  ×   3.7
```

(3)
```
     6.2
  ×  8.7
```

❹ 次の筆算をしましょう。

1つ5点【45点】

(1)
```
     4 9.4
  ×    6.7
```

(2)
```
     2 3.5
  ×    8.9
```

(3)
```
     1 3.9
  ×    4.2
```

(4)
```
     3.0 8
  ×   6.3
```

(5)
```
     3.9 6
  ×   4.1
```

(6)
```
     8.2 2
  ×   7.9
```

(7)
```
     7 8
  × 2.3
```

(8)
```
     1 0 6
  ×   7.2
```

(9)
```
     5 1 2
  ×   9.7
```

🔄 次の数は1.29を何倍した数ですか。

1つ4点【12点】

スパイラルコーナー

(1)　129

(2)　12.9

(3)　1290

(　　　)　(　　　)　(　　　)

🖉 学習した日　　月　　日

名前

得点 ／100点

1509

❶ 次の計算をしましょう。　　1つ4点【32点】

(1) 17×3.8＝

(2) 21×6.2＝

(3) 53×1.9＝

(4) 47×9.8＝

(5) 90×1.3＝

(6) 50×0.07＝

(7) 400×0.31＝

(8) 700×0.21＝

❷ 次の筆算をしましょう。　　1つ4点【36点】

(1)
```
    2 8
×   7.2
```

(2)
```
    7 6 3
×     2.8
```

(3)
```
    5.4
×   3.8
```

(4)
```
    5.1 3
×     7.2
```

(5)
```
    2.1 2
×     4.3
```

(6)
```
    3.8 7
×     1.6
```

(7)
```
    1 7.7
×     4.1
```

(8)
```
    8 6.3
×     2.5
```

(9)
```
    7 9.3
×     4.6
```

❸ 1m² の重さが2.3kgの板があります。次の問いに答えましょう。　　【8点】

(1) この板1.3m² の重さは何kgですか。　　(全部できて4点)

（式）

答え（　　　　　　　）

(2) この板7.8m² の重さは何kgですか。　　(全部できて4点)

（式）

答え（　　　　　　　）

🔄 スパイラルコーナー　次の計算をしましょう。　　1つ4点【24点】

(1) 617÷10＝

(2) 32.5÷10＝

(3) 27÷100＝

(4) 6.22÷100＝

(5) 148÷1000＝

(6) 71.4÷1000＝

⑨ 小数のかけ算④

目標時間 ⏱ 20分

学習した日　　　月　　　日　　　得点

名前

／100点

1509
解説→172ページ

❶ 次の計算をしましょう。 　　1つ4点【32点】

(1) $17 \times 3.8 =$

(2) $21 \times 6.2 =$

(3) $53 \times 1.9 =$

(4) $47 \times 9.8 =$

(5) $90 \times 1.3 =$

(6) $50 \times 0.07 =$

(7) $400 \times 0.31 =$

(8) $700 \times 0.21 =$

❷ 次の筆算をしましょう。 　　1つ4点【36点】

(1)
```
    2 8
×   7.2
```

(2)
```
    7 6 3
×     2.8
```

(3)
```
    5.4
×   3.8
```

(4)
```
    5.1 3
×     7.2
```

(5)
```
    2.1 2
×     4.3
```

(6)
```
    3.8 7
×     1.6
```

(7)
```
    1 7.7
×     4.1
```

(8)
```
    8 6.3
×     2.5
```

(9)
```
    7 9.3
×     4.6
```

❸ 1m²の重さが2.3kgの板があります。次の問いに答えましょう。 　　【8点】

(1) この板1.3m²の重さは何kgですか。 　　（全部できて4点）

（式）

答え（　　　　　　）

(2) この板7.8m²の重さは何kgですか。 　　（全部できて4点）

（式）

答え（　　　　　　）

 次の計算をしましょう。 　　1つ4点【24点】

スパイラルコーナー

(1) $617 \div 10 =$

(2) $32.5 \div 10 =$

(3) $27 \div 100 =$

(4) $6.22 \div 100 =$

(5) $148 \div 1000 =$

(6) $71.4 \div 1000 =$

10 小数のかけ算 ⑤

目標時間 ⏱ 20分

📝 学習した日　　月　　日　　得点

名前

／100点

1510
解説→172ページ

---

① 小数点をうって、積を求めましょう。　　1つ5点【15点】

(1)
```
    3.6 5
×     4.2
    7 3 0
  1 4 6 0
  1 5 3 3 0
```
(　　　　　)

(2)
```
    0.1 6
×     4.2
      3 2
    6 4
    6 7 2
```
(　　　　　)

(3)
```
      7.8
×   2.0 3
    2 3 4
  1 5 6
  1 5 8 3 4
```
(　　　　　)

② 次の筆算をしましょう。　　1つ4点【24点】

(1)
```
    3.8 4
×     6.5
```

(2)
```
    7.2 5
×     2.4
```

(3)
```
    4.8
×   3.5
```

(4)
```
    1.5
×   6.4
```

(5)
```
    1 2 4
×     3.5
```

(6)
```
    6 1 5
×     2.8
```

③ 次の筆算をしましょう。　　1つ5点【45点】

(1)
```
    0.1 3
×     7.1
```

(2)
```
    0.2 1
×     3.2
```

(3)
```
    0.5
× 1.8
```

(4)
```
      5.9
×   1.0 2
```

(5)
```
    1 6.8
×   2.0 9
```

(6)
```
    3.1 1
×   7.0 6
```

(7)
```
    1 6 7
×     0.9
```

(8)
```
    0.8
×   0.7
```

(9)
```
    0.4
×   0.5
```

🔄 スパイラルコーナー 次の計算をしましょう。　　1つ4点【16点】

(1) 2.9×100＝

(2) 0.37×1000＝

(3) 52.1÷100＝

(4) 1.74÷1000＝

10 小数のかけ算⑤

目標時間 ⏱ **20分**

🖊 学習した日　　月　　日　　得点

名前

／100点

1510
解説→172ページ

❶ **小数点をうって、積を求めましょう。**　　　　　1つ5点【15点】

(1)
```
      3.6 5
  ×     4.2
  ─────────
      7 3 0
    1 4 6 0
  ─────────
    1 5 3 3 0
```
(　　　　　)

(2)
```
      0.1 6
  ×     4.2
  ─────────
        3 2
      6 4
  ─────────
      6 7 2
```
(　　　　　)

(3)
```
        7.8
  ×   2.0 3
  ─────────
      2 3 4
    1 5 6
  ─────────
    1 5 8 3 4
```
(　　　　　)

❷ **次の筆算をしましょう。**　　　　　1つ4点【24点】

(1)
```
    3.8 4
  ×   6.5
```

(2)
```
    7.2 5
  ×   2.4
```

(3)
```
      4.8
  ×   3.5
```

(4)
```
      1.5
  ×   6.4
```

(5)
```
    1 2 4
  ×   3.5
```

(6)
```
    6 1 5
  ×   2.8
```

❸ **次の筆算をしましょう。**　　　　　1つ5点【45点】

(1)
```
    0.1 3
  ×   7.1
```

(2)
```
    0.2 1
  ×   3.2
```

(3)
```
    0.5
  × 1.8
```

(4)
```
      5.9
  × 1.0 2
```

(5)
```
    1 6.8
  × 2.0 9
```

(6)
```
    3.1 1
  × 7.0 6
```

(7)
```
    1 6 7
  ×   0.9
```

(8)
```
    0.8
  × 0.7
```

(9)
```
    0.4
  × 0.5
```

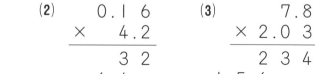 **次の計算をしましょう。**　　　　　1つ4点【16点】

スパイラル
コーナー

(1) $2.9 \times 100 =$

(2) $0.37 \times 1000 =$

(3) $52.1 \div 100 =$

(4) $1.74 \div 1000 =$

目標時間 ⏱ **20分**

✐ 学習した日　　　月　　　日　　得点

名前

／100点

1511
解説→172ページ

❶ 次の筆算をしましょう。　1つ4点【24点】

(1)
```
   1.04
×  3.5
```

(2)
```
   6.15
×  3.8
```

(3)
```
   8.8
× 1.5
```

(4)
```
   6.5
× 4.2
```

(5)
```
   238
×  3.5
```

(6)
```
   175
×  2.6
```

❷ 次の筆算をしましょう。　1つ5点【15点】

(1)
```
   0.19
×  2.5
```

(2)
```
   0.32
×  1.6
```

(3)
```
   0.4
× 1.9
```

❸ 次の筆算をしましょう。　1つ5点【45点】

(1)
```
   3.7
× 2.08
```

(2)
```
   26.2
× 8.05
```

(3)
```
   6.72
× 1.02
```

(4)
```
   5.9
× 0.6
```

(5)
```
   72.4
×  0.2
```

(6)
```
   0.4
× 0.7
```

(7)
```
   0.3
× 0.07
```

(8)
```
   0.6
× 0.5
```

(9)
```
   2.25
×  0.8
```

🔄 次の □ にあてはまる数を書きましょう。　1つ4点【16点】
スパイラルコーナー

(1) 1dL＝□mL
（　　　　　）

(2) 1kL＝□m³
（　　　　　）

(3) 1m³＝□L
（　　　　　）

(4) 1L＝□dL
（　　　　　）

11 小数のかけ算⑥

目標時間 20分

学習した日　　　月　　　日　　　得点

名前

／100点

1511
解説→172ページ

❶ 次の筆算をしましょう。　1つ4点【24点】

(1)
```
    1.0 4
×    3.5
```

(2)
```
    6.1 5
×    3.8
```

(3)
```
      8.8
×    1.5
```

(4)
```
      6.5
×    4.2
```

(5)
```
    2 3 8
×    3.5
```

(6)
```
    1 7 5
×    2.6
```

❷ 次の筆算をしましょう。　1つ5点【15点】

(1)
```
    0.1 9
×    2.5
```

(2)
```
    0.3 2
×    1.6
```

(3)
```
      0.4
×    1.9
```

❸ 次の筆算をしましょう。　1つ5点【45点】

(1)
```
      3.7
×  2.0 8
```

(2)
```
    2 6.2
×  8.0 5
```

(3)
```
    6.7 2
×  1.0 2
```

(4)
```
      5.9
×    0.6
```

(5)
```
    7 2.4
×    0.2
```

(6)
```
      0.4
×    0.7
```

(7)
```
      0.3
×  0.0 7
```

(8)
```
      0.6
×    0.5
```

(9)
```
    2.2 5
×    0.8
```

次の□□□□にあてはまる数を書きましょう。　1つ4点【16点】

スパイラルコーナー

(1) 1dL＝□□□□mL

(2) 1kL＝□□□□m³

(　　　　　　　)　　　　　(　　　　　　　)

(3) 1m³＝□□□□L

(4) 1L＝□□□□dL

(　　　　　　　)　　　　　(　　　　　　　)

12 小数のかけ算 ⑦

① 次の計算をしましょう。

1つ4点【32点】

(1) $17 \times 2.3 =$

(2) $62 \times 5.3 =$

(3) $80 \times 0.25 =$

(4) $179 \times 0.42 =$

(5) $60 \times 3.2 =$

(6) $400 \times 8.1 =$

(7) $70 \times 0.02 =$

(8) $600 \times 0.15 =$

② 次の筆算をしましょう。

1つ4点【24点】

(1)
```
    3.7
×   8.9
```

(2)
```
   11.4
×   0.7
```

(3)
```
   3.02
×   4.9
```

(4)
```
    86
×  4.3
```

(5)
```
   207
×  3.9
```

(6)
```
   417
×  8.5
```

③ 次の筆算をしましょう。

1つ4点【36点】

(1)
```
   9.15
×   8.4
```

(2)
```
    6.4
×   3.2
```

(3)
```
    115
×   6.4
```

(4)
```
   0.21
×   1.8
```

(5)
```
   0.23
×   4.1
```

(6)
```
   0.14
×   6.5
```

(7)
```
    9.2
×  0.3
```

(8)
```
   31.8
×   0.7
```

(9)
```
    0.6
× 0.04
```

↻ 次の問いに答えましょう。

1つ4点【8点】

スパイラルコーナー

(1) $1L$ は $50cm^3$ の何倍ですか。

(　　　　　　　)

(2) $1m^3$ は $200cm^3$ の何倍ですか。

(　　　　　　　)

12 小数のかけ算 ⑦

目標時間 20分

学習した日　　月　　日　　得点

名前

／100点

1512
解説→173ページ

❶ 次の計算をしましょう。 1つ4点【32点】

(1) $17 \times 2.3 =$

(2) $62 \times 5.3 =$

(3) $80 \times 0.25 =$

(4) $179 \times 0.42 =$

(5) $60 \times 3.2 =$

(6) $400 \times 8.1 =$

(7) $70 \times 0.02 =$

(8) $600 \times 0.15 =$

❷ 次の筆算をしましょう。 1つ4点【24点】

(1)
```
    3.7
×   8.9
```

(2)
```
   11.4
×   0.7
```

(3)
```
   3.02
×   4.9
```

(4)
```
     86
×   4.3
```

(5)
```
    207
×   3.9
```

(6)
```
    417
×   8.5
```

❸ 次の筆算をしましょう。 1つ4点【36点】

(1)
```
    9.15
×    8.4
```

(2)
```
    6.4
×   3.2
```

(3)
```
    115
×   6.4
```

(4)
```
    0.21
×    1.8
```

(5)
```
    0.23
×    4.1
```

(6)
```
    0.14
×    6.5
```

(7)
```
    9.2
×   0.3
```

(8)
```
   31.8
×    0.7
```

(9)
```
     0.6
×   0.04
```

🔄 次の問いに答えましょう。 1つ4点【8点】

スパイラルコーナー

(1) 1Lは50cm³の何倍ですか。

(　　　　　　)

(2) 1m³は200cm³の何倍ですか。

(　　　　　　)

13 小数のかけ算 ⑧

目標時間 20分

学習した日　　月　　日　　得点

名前

/100点

1513
解説→173ページ

❶ 次の□□□にあてはまる数を答えましょう。　1つ5点【20点】

(1) $1.2×1.6=$ □ $×1.2$

（　　　　）

(2) $(8.7×5)×2=$ □ $×(5×2)$

（　　　　）

(3) $1.7×3.8+8.3×3.8=(1.7+8.3)×$ □

（　　　　）

(4) $9.5×7.9-4.5×7.9=(9.5-4.5)×$ □

（　　　　）

❷ 次の式を、くふうして計算しましょう。　1つ5点【30点】

(1) $3.94×0.4×0.5=$

(2) $169.7×8×1.25=$

(3) $131.2×0.2×50=$

(4) $0.2×9.6×0.5=$

(5) $1.25×17.6×0.8=$

(6) $0.4×32.9×2.5=$

❸ 次の式を、くふうして計算しましょう。　1つ5点【40点】

(1) $0.3×9.6+0.7×9.6=$

(2) $1.25×13.5-1.25×3.5=$

(3) $7.1×3.9+7.1×6.1=$

(4) $52.3×9.8-2.3×9.8=$

(5) $25.6×4=$

(6) $35.7×2=$

(7) $9.7×13=$

(8) $4.8×8=$

↻ 次の問いに答えましょう。　1つ5点【10点】

スパイラルコーナー

(1) $70000cm^3$ は何Lですか。

（　　　　）

(2) $2000000mL$ は何 m^3 ですか。

（　　　　）

13 小数のかけ算⑧

学習した日　　　月　　　日

名前

得点　／100点

1513
解説→173ページ

---

❶ 次の ▢ にあてはまる数を答えましょう。　1つ5点【20点】

(1) $1.2 \times 1.6 = ▢ \times 1.2$

（　　　　　　）

(2) $(8.7 \times 5) \times 2 = ▢ \times (5 \times 2)$

（　　　　　　）

(3) $1.7 \times 3.8 + 8.3 \times 3.8 = (1.7 + 8.3) \times ▢$

（　　　　　　）

(4) $9.5 \times 7.9 - 4.5 \times 7.9 = (9.5 - 4.5) \times ▢$

（　　　　　　）

❷ 次の式を、くふうして計算しましょう。　1つ5点【30点】

(1) $3.94 \times 0.4 \times 0.5 =$

(2) $169.7 \times 8 \times 1.25 =$

(3) $131.2 \times 0.2 \times 50 =$

(4) $0.2 \times 9.6 \times 0.5 =$

(5) $1.25 \times 17.6 \times 0.8 =$

(6) $0.4 \times 32.9 \times 2.5 =$

❸ 次の式を、くふうして計算しましょう。　1つ5点【40点】

(1) $0.3 \times 9.6 + 0.7 \times 9.6 =$

(2) $1.25 \times 13.5 - 1.25 \times 3.5 =$

(3) $7.1 \times 3.9 + 7.1 \times 6.1 =$

(4) $52.3 \times 9.8 - 2.3 \times 9.8 =$

(5) $25.6 \times 4 =$

(6) $35.7 \times 2 =$

(7) $9.7 \times 13 =$

(8) $4.8 \times 8 =$

 次の問いに答えましょう。　1つ5点【10点】

スパイラルコーナー

(1) $70000 cm^3$ は何 L ですか。

（　　　　　　）

(2) $2000000 mL$ は何 m^3 ですか。

（　　　　　　）

14 まとめのテスト❷

目標時間 ⏱ **20**分

✏ 学習した日　　　月　　　日　　得点

名前

／100点

1514
解説→173ページ

❶ 次の計算をしましょう。　　　　　　　　　1つ5点【40点】

(1) 53×1.2＝

(2) 17×2.9＝

(3) 25×2.3＝

(4) 73×5.4＝

(5) 20×3.1＝

(6) 70×6.4＝

(7) 300×1.8＝

(8) 500×4.7＝

❷ 次の筆算をしましょう。　　　　　　　　　1つ5点【30点】

(1)
```
    3.1 2
×     8.9
```

(2)
```
   6 2.3
×    1.4
```

(3)
```
     1 1
×   9.1
```

(4)
```
   3.9 5
×    8.4
```

(5)
```
   7 1 5
×    2.4
```

(6)
```
    5.6
× 1.5
```

❸ 次の筆算をしましょう。　　　　　　　　　1つ4点【12点】

(1)
```
    0.1 4
×     3.2
```

(2)
```
    0.1 2
×     4.5
```

(3)
```
    3.2 8
× 1.0 2
```

❹ 次の式を、くふうして計算しましょう。　　　　　1つ4点【8点】

(1) 0.5×3.18×2＝

(2) 0.7×1.25＋0.3×1.25＝

❺ 1mのねだんが200円のリボンがあります。次の問いに答えましょう。　　　　　　　　　　　　　　　　　　　　　　【10点】

(1) このリボン3.7mの代金は何円ですか。　　　（全部できて5点）

（式）

答え（　　　　　　）

(2) このリボン0.6mの代金は何円ですか。　　　（全部できて5点）

（式）

答え（　　　　　　）

14 まとめのテスト❷

目標時間 20分

学習した日　　月　　日　　得点

名前

／100点

1514
解説→173ページ

❶ 次の計算をしましょう。　　　　　　　　　　　1つ5点【40点】

(1) $53 \times 1.2 =$

(2) $17 \times 2.9 =$

(3) $25 \times 2.3 =$

(4) $73 \times 5.4 =$

(5) $20 \times 3.1 =$

(6) $70 \times 6.4 =$

(7) $300 \times 1.8 =$

(8) $500 \times 4.7 =$

❷ 次の筆算をしましょう。　　　　　　　　　　　1つ5点【30点】

(1)
```
    3.1 2
×    8.9
```

(2)
```
   6 2.3
×    1.4
```

(3)
```
     1 1
×   9.1
```

(4)
```
   3.9 5
×    8.4
```

(5)
```
   7 1 5
×    2.4
```

(6)
```
    5.6
×   1.5
```

❸ 次の筆算をしましょう。　　　　　　　　　　　1つ4点【12点】

(1)
```
   0.1 4
×    3.2
```

(2)
```
   0.1 2
×    4.5
```

(3)
```
   3.2 8
×  1.0 2
```

❹ 次の式を、くふうして計算しましょう。　　　　1つ4点【8点】

(1) $0.5 \times 3.18 \times 2 =$

(2) $0.7 \times 1.25 + 0.3 \times 1.25 =$

❺ 1mのねだんが200円のリボンがあります。次の問いに答えましょう。　　　　　　　　　　　　　　　　　　　　　　　　　　【10点】

(1) このリボン3.7mの代金は何円ですか。　　（全部できて5点）

（式）

答え（　　　　　　）

(2) このリボン0.6mの代金は何円ですか。　　（全部できて5点）

（式）

答え（　　　　　　）

15 まとめのテスト❸

目標時間 ⏱ **20分**

✏学習した日　　　月　　　日

名前

得点 ／100点

1515
解説→174ページ

❶ 次の計算をしましょう。 1つ4点【32点】

(1) $18 \times 2.9 =$

(2) $62 \times 3.4 =$

(3) $7 \times 3.8 =$

(4) $56 \times 4.7 =$

(5) $30 \times 5.5 =$

(6) $90 \times 8.1 =$

(7) $400 \times 2.3 =$

(8) $700 \times 5.8 =$

❷ 次の筆算をしましょう。 1つ5点【30点】

(1)
```
    4.3 1
×     4.6
```

(2)
```
   2 1.5
×    4.5
```

(3)
```
    7 2 3
×     6.4
```

(4)
```
    1.8 4
×     2.5
```

(5)
```
     4.8
×    3.5
```

(6)
```
    6 4 5
×     1.4
```

❸ 次の筆算をしましょう。 1つ5点【15点】

(1)
```
    5.9
×   0.6
```

(2)
```
   0.2 1
×    0.4
```

(3)
```
   0.1 6
×    0.5
```

❹ 次の式を、くふうして計算しましょう。 1つ5点【15点】

(1) $0.69 \times 4 \times 0.25 =$

(2) $2.84 \times 9.72 - 1.84 \times 9.72 =$

(3) $9.6 \times 25 =$

❺ 1Lの重さが1.2kgの油があります。次の問いに答えましょう。【8点】

(1) この油2.3Lの重さは何kgですか。 （全部できて4点）

(式)

答え（　　　　　　　）

(2) この油0.7Lの重さは何kgですか。 （全部できて4点）

(式)

答え（　　　　　　　）

15 まとめのテスト❸

目標時間 **20分**

らくらく マルつけ

| 学習した日 | 月 | 日 | 得点 |
| 名前 | | | /100点 |

1515
解説→174ページ

❶ 次の計算をしましょう。 1つ4点【32点】

(1) $18 × 2.9 =$

(2) $62 × 3.4 =$

(3) $7 × 3.8 =$

(4) $56 × 4.7 =$

(5) $30 × 5.5 =$

(6) $90 × 8.1 =$

(7) $400 × 2.3 =$

(8) $700 × 5.8 =$

❷ 次の筆算をしましょう。 1つ5点【30点】

(1)
```
   4.3 1
×    4.6
```

(2)
```
   2 1.5
×    4.5
```

(3)
```
   7 2 3
×    6.4
```

(4)
```
   1.8 4
×    2.5
```

(5)
```
   4.8
×  3.5
```

(6)
```
   6 4 5
×    1.4
```

❸ 次の筆算をしましょう。 1つ5点【15点】

(1)
```
   5.9
× 0.6
```

(2)
```
   0.2 1
×   0.4
```

(3)
```
   0.1 6
×   0.5
```

❹ 次の式を、くふうして計算しましょう。 1つ5点【15点】

(1) $0.69 × 4 × 0.25 =$

(2) $2.84 × 9.72 − 1.84 × 9.72 =$

(3) $9.6 × 25 =$

❺ 1Lの重さが1.2kgの油があります。次の問いに答えましょう。【8点】

(1) この油2.3Lの重さは何kgですか。 (全部できて4点)

(式)

答え(　　　　　　　　　)

(2) この油0.7Lの重さは何kgですか。 (全部できて4点)

(式)

答え(　　　　　　　　　)

❶ 200÷2.5を計算します。ア、イにあてはまる数を答えましょう。

1つ4点【8点】

$$\begin{array}{c}200 \quad \div \quad 2.5 \quad = \boxed{ア} \\ \downarrow \times 10 \qquad \downarrow \times 10 \qquad \Big\} 等しい \\ 2000 \quad \div \quad 25 \quad = 80 \end{array}$$

だから、200÷2.5は $\boxed{イ}$ です。

ア（　　　　　）イ（　　　　　）

❷ 360÷1.5を計算します。ア、イにあてはまる数を答えましょう。

1つ4点【8点】

$$\begin{array}{c}360 \quad \div \quad 1.5 \quad = \boxed{ア} \\ \downarrow \times 10 \qquad \downarrow \times 10 \qquad \Big\} 等しい \\ 3600 \quad \div \quad 15 \quad = 240 \end{array}$$

だから、360÷1.5は $\boxed{イ}$ です。

ア（　　　　　）イ（　　　　　）

❸ 次の計算をしましょう。

1つ4点【24点】

(1) 64÷3.2＝

(2) 48÷1.6＝

(3) 390÷1.3＝

(4) 540÷2.7＝

(5) 300÷2.5＝

(6) 690÷4.6＝

❹ 次の計算をしましょう。

1つ4点【32点】

(1) 32÷0.4＝

(2) 48÷0.8＝

(3) 69÷0.3＝

(4) 84÷0.2＝

(5) 180÷0.9＝

(6) 240÷0.6＝

(7) 217÷0.7＝

(8) 336÷0.8＝

❺ 1.8mのパイプの重さをはかったら720gでした。このパイプ1mの重さは何gですか。

【全部できて16点】

(式)

答え（　　　　　）

🔄 次の計算をしましょう。

1つ6点【12点】

スパイラルコーナー
(1) 18×2.7＝

(2) 17×0.03＝

16 小数のわり算 ①

学習した日	月	日	得点
名前			/100点

1516
解説→174ページ

❶ 200÷2.5を計算します。ア、イにあてはまる数を答えましょう。

1つ4点【8点】

```
200   ÷   2.5   = ア
  ↓×10    ↓×10          } 等しい
2000  ÷   25    = 80
```

だから、200÷2.5は イ です。

ア (　　　　　　) イ (　　　　　　)

❷ 360÷1.5を計算します。ア、イにあてはまる数を答えましょう。

1つ4点【8点】

```
360   ÷   1.5   = ア
  ↓×10    ↓×10          } 等しい
3600  ÷   15    = 240
```

だから、360÷1.5は イ です。

ア (　　　　　　) イ (　　　　　　)

❸ 次の計算をしましょう。

1つ4点【24点】

(1) 64÷3.2＝

(2) 48÷1.6＝

(3) 390÷1.3＝

(4) 540÷2.7＝

(5) 300÷2.5＝

(6) 690÷4.6＝

❹ 次の計算をしましょう。

1つ4点【32点】

(1) 32÷0.4＝

(2) 48÷0.8＝

(3) 69÷0.3＝

(4) 84÷0.2＝

(5) 180÷0.9＝

(6) 240÷0.6＝

(7) 217÷0.7＝

(8) 336÷0.8＝

❺ 1.8mのパイプの重さをはかったら720gでした。このパイプ1mの重さは何gですか。

【全部できて16点】

(式)

答え(　　　　　　)

🔄 次の計算をしましょう。

1つ6点【12点】

スパイラルコーナー

(1) 18×2.7＝

(2) 17×0.03＝

❶ 50÷1.25を計算します。ア、イにあてはまる数を答えましょう。

1つ4点【8点】

$$50 \div 1.25 = \boxed{ア}$$
↓×100　↓×100　⎫ 等しい
$$5000 \div 125 = 40$$
だから、50÷1.25は $\boxed{イ}$ です。

ア（　　　　　）イ（　　　　　）

❷ 48÷0.24を計算します。ア、イにあてはまる数を答えましょう。

1つ4点【8点】

$$48 \div 0.24 = \boxed{ア}$$
↓×100　↓×100　⎫ 等しい
$$4800 \div 24 = 200$$
だから、48÷0.24は $\boxed{イ}$ です。

ア（　　　　　）イ（　　　　　）

❸ 次の計算をしましょう。

1つ4点【24点】

(1) $42 \div 1.4 =$

(2) $95 \div 1.9 =$

(3) $690 \div 2.3 =$

(4) $480 \div 1.2 =$

(5) $945 \div 2.1 =$

(6) $864 \div 7.2 =$

❹ 次の計算をしましょう。

1つ4点【32点】

(1) $90 \div 2.25 =$

(2) $23 \div 1.15 =$

(3) $56 \div 1.12 =$

(4) $62 \div 1.24 =$

(5) $9 \div 0.15 =$

(6) $30 \div 0.25 =$

(7) $12 \div 0.24 =$

(8) $18 \div 0.36 =$

❺ 1.25m²の重さが5kgの鉄の板があります。この鉄の板1m²の重さは何kgですか。

【全部できて16点】

（式）

答え（　　　　　）

🔄 次の計算をしましょう。

1つ6点【12点】

スパイラル
コーナー

(1) $32 \times 1.8 =$

(2) $40 \times 0.25 =$

17 小数のわり算 ②

目標時間 ⏱ 20分

学習した日　　　月　　　日　　得点

名前

／100点

1517
解説→174ページ

❶ 50÷1.25を計算します。ア、イにあてはまる数を答えましょう。

1つ4点【8点】

```
50      ÷   1.25   =ア ┐
 │×100     │×100          等しい
 ↓         ↓            ┘
5000   ÷   125    =40
```

だから、50÷1.25は イ です。

　　　　　　　ア（　　　　　）イ（　　　　　）

❷ 48÷0.24を計算します。ア、イにあてはまる数を答えましょう。

1つ4点【8点】

```
48      ÷   0.24   =ア ┐
 │×100     │×100          等しい
 ↓         ↓            ┘
4800   ÷   24    =200
```

だから、48÷0.24は イ です。

　　　　　　　ア（　　　　　）イ（　　　　　）

❸ 次の計算をしましょう。

1つ4点【24点】

(1) 42÷1.4＝

(2) 95÷1.9＝

(3) 690÷2.3＝

(4) 480÷1.2＝

(5) 945÷2.1＝

(6) 864÷7.2＝

❹ 次の計算をしましょう。

1つ4点【32点】

(1) 90÷2.25＝

(2) 23÷1.15＝

(3) 56÷1.12＝

(4) 62÷1.24＝

(5) 9÷0.15＝

(6) 30÷0.25＝

(7) 12÷0.24＝

(8) 18÷0.36＝

❺ 1.25m²の重さが5kgの鉄の板があります。この鉄の板1m²の重さは何kgですか。

【全部できて16点】

（式）

　　　　　　　　　　答え（　　　　　　　）

🔄 次の計算をしましょう。

1つ6点【12点】

スパイラル
コーナー

(1) 32×1.8＝

(2) 40×0.25＝

🖉学習した日　　　月　　　日　　得点

名前

／100点

1518
解説→175ページ

 らくらく マルつけ

❶ 6.46÷3.8を計算します。ア、イにあてはまる数を答えましょう。

1つ5点【10点】

$$6.46 \div 3.8 = \boxed{イ}$$
$$\downarrow \times \boxed{ア} \quad \downarrow \times \boxed{ア} \quad \Big\} 等しい$$
$$64.6 \div 38 = 1.7$$

$$6.46 \div 3.8 = (6.46 \times \boxed{ア}) \div (3.8 \times \boxed{ア})$$
$$= 64.6 \div 38$$
$$= \boxed{イ}$$

ア（　　　　）イ（　　　　）

❷ 288÷64＝4.5をもとにして、次の商を求めましょう。 1つ5点【20点】

(1) 28.8÷6.4＝

(2) 2.88÷0.64＝

(3) 0.288÷0.064＝

(4) 2880÷640＝

❸ 次の筆算をしましょう。

1つ6点【18点】

(1) 2.1)3.9 9

(2) 3.4)7.4 8

(3) 7.2)9.3 6

❹ 次の筆算をしましょう。

1つ7点【42点】

(1) 6.8)3 7.4

(2) 3.2)2 7.2

(3) 5.5)7.7

(4) 2.8)9.8

(5) 2.74)6.8 5

(6) 9.7)5 8.2

🔄 次の計算をしましょう。

1つ5点【10点】

スパイラル
コーナー

(1) 57×3.2＝

(2) 132×0.71＝

18 小数のわり算 ③

目標時間
⏱
20分

学習した日　　　月　　　日　　　得点

名前

／100点

1518
解説→175ページ

❶ 6.46÷3.8を計算します。ア、イにあてはまる数を答えましょう。

1つ5点【10点】

$$6.46 \div 3.8 = \boxed{イ}$$
$$\downarrow \times \boxed{ア} \quad \downarrow \times \boxed{ア} \quad \Big\} 等しい$$
$$64.6 \div 38 = 1.7$$

$$6.46 \div 3.8 = (6.46 \times \boxed{ア}) \div (3.8 \times \boxed{ア})$$
$$= 64.6 \div 38$$
$$= \boxed{イ}$$

ア（　　　　　）イ（　　　　　）

❷ 288÷64＝4.5をもとにして、次の商を求めましょう。 1つ5点【20点】

(1) 28.8÷6.4＝

(2) 2.88÷0.64＝

(3) 0.288÷0.064＝

(4) 2880÷640＝

❸ 次の筆算をしましょう。

1つ6点【18点】

(1) 2.1)3.9 9

(2) 3.4)7.4 8

(3) 7.2)9.3 6

❹ 次の筆算をしましょう。

1つ7点【42点】

(1) 6.8)3 7.4

(2) 3.2)2 7.2

(3) 5.5)7.7

(4) 2.8)9.8

(5) 2.74)6.8 5

(6) 9.7)5 8.2

🔄 次の計算をしましょう。

1つ5点【10点】

スパイラル
コーナー

(1) 57×3.2＝

(2) 132×0.71＝

19 小数のわり算④

目標時間 ⏱ 20分

学習した日　　　月　　　日

名前

得点　／100点

1519
解説→175ページ

① 次の計算をしましょう。　　　1つ5点【30点】

(1) $76 \div 1.9 =$

(2) $96 \div 3.2 =$

(3) $54 \div 0.6 =$

(4) $420 \div 0.7 =$

(5) $50 \div 1.25 =$

(6) $23 \div 1.15 =$

② 次の筆算をしましょう。　　　1つ6点【36点】

(1) $1.3\overline{)3.7\ 7}$

(2) $1.8\overline{)8.2\ 8}$

(3) $2.1\overline{)7.3\ 5}$

(4) $5.3\overline{)9.5\ 4}$

(5) $4.6\overline{)5.9\ 8}$

(6) $6.2\overline{)6.8\ 2}$

③ 次の筆算をしましょう。　　　1つ6点【18点】

(1) $7.4\overline{)2\ 5.9}$

(2) $6.5\overline{)9.1}$

(3) $4.31\overline{)8\ 6.2}$

④ 2.3Lの重さが3.91kgのすながあります。このすな1Lの重さは何kgですか。　　　【全部できて10点】

(式)

答え(　　　　　　　)

🔄 次の計算をしましょう。　　　1つ3点【6点】

スパイラル
コーナー
(1) $40 \times 2.1 =$

(2) $50 \times 0.08 =$

19 小数のわり算 ④

学習した日　　　月　　　日　　　得点

名前

／100点

1519
解説→175ページ

❶ 次の計算をしましょう。　　　　　　　　　　　1つ5点【30点】

(1)　76÷1.9＝

(2)　96÷3.2＝

(3)　54÷0.6＝

(4)　420÷0.7＝

(5)　50÷1.25＝

(6)　23÷1.15＝

❷ 次の筆算をしましょう。　　　　　　　　　　　1つ6点【36点】

(1)　1.3)3.7 7

(2)　1.8)8.2 8

(3)　2.1)7.3 5

(4)　5.3)9.5 4

(5)　4.6)5.9 8

(6)　6.2)6.8 2

❸ 次の筆算をしましょう。　　　　　　　　　　　1つ6点【18点】

(1)　7.4)2 5.9

(2)　6.5)9.1

(3)　4.31)8 6.2

❹ 2.3Lの重さが3.91kgのすながあります。このすな1Lの重さは何kgですか。　　　　　　　　【全部できて10点】

(式)

答え(　　　　　　　　　　)

 次の計算をしましょう。　　　　　　　　1つ3点【6点】

スパイラル
コーナー

(1)　40×2.1＝

(2)　50×0.08＝

目標時間
⏱
20分

📝 学習した日　　　月　　　日　　　得点

名前

／100点

1520
解説→175ページ

---

❶ 2.16÷2.7を筆算で求めます。次の〔　　〕にあてはまる数を答えましょう。　【6点】

```
        0.8
2,7) 2、1.6
     2 1 6
         0
```

21＜27だから、商の一の位に〔　　〕を書き、小数点をうってから、216÷27を計算します。

（　　　　　）

❷ 次の筆算をしましょう。　1つ6点【54点】

(1)
```
4.2) 2.9 4
```

(2)
```
5.6) 4.4 8
```

(3)
```
7.9) 4.7 4
```

(4)
```
3.8) 3.4 2
```

(5)
```
5.2) 3.6 4
```

(6)
```
8.3) 4.1 5
```

(7)
```
7.6) 3.0 4
```

(8)
```
4.8) 2.8 8
```

(9)
```
4.1) 3.6 9
```

❸ 次の筆算をしましょう。　1つ5点【30点】

(1)
```
0.3) 5.1
```

(2)
```
0.4) 9.2
```

(3)
```
0.6) 3 0.6
```

(4)
```
0.7) 2 7.3
```

(5)
```
0.9) 2 5.2
```

(6)
```
0.8) 5 6.8
```

🔄 次の計算をしましょう。　1つ5点【10点】

スパイラルコーナー　(1)　60×3.8＝

(2)　30×0.12＝

20 小数のわり算 ⑤

目標時間 20分

学習した日　　　月　　　日　　　得点

名前

/100点

❶ 2.16÷2.7を筆算で求めます。次の［　　　］にあてはまる数を答えましょう。　【6点】

```
        0.8
  2.7)2.1.6
      2 1 6
          0
```

21＜27だから、商の一の位に［　　　］を書き、小数点をうってから、216÷27を計算します。

（　　　　　）

❷ 次の筆算をしましょう。　1つ6点【54点】

(1)
```
4.2)2.9 4
```

(2)
```
5.6)4.4 8
```

(3)
```
7.9)4.7 4
```

(4)
```
3.8)3.4 2
```

(5)
```
5.2)3.6 4
```

(6)
```
8.3)4.1 5
```

(7)
```
7.6)3.0 4
```

(8)
```
4.8)2.8 8
```

(9)
```
4.1)3.6 9
```

❸ 次の筆算をしましょう。　1つ5点【30点】

(1)
```
0.3)5.1
```

(2)
```
0.4)9.2
```

(3)
```
0.6)3 0.6
```

(4)
```
0.7)2 7.3
```

(5)
```
0.9)2 5.2
```

(6)
```
0.8)5 6.8
```

🔄 スパイラルコーナー　次の計算をしましょう。　1つ5点【10点】

(1)　60×3.8＝

(2)　30×0.12＝

21 小数のわり算⑥

目標時間 **20**分

✎ 学習した日　　　月　　　日　　名前　　　得点　／100点

1521
解説→176ページ

---

❶ 次の筆算をしましょう。　　　　　　　　　1つ5点【60点】

(1) 5.7) 1.7 1

(2) 3.6) 3.2 4

(3) 9.1) 1.8 2

(4) 7.3) 5.8 4

(5) 3.6) 1.4 4

(6) 2.4) 1.6 8

(7) 9.5) 8.5 5

(8) 6.4) 3.8 4

(9) 7.3) 2.1 9

(10) 3.9) 3.1 2

(11) 4.8) 1.9 2

(12) 5.7) 1.1 4

---

❷ 次の筆算をしましょう。　　　　　　　　　1つ5点【30点】

(1) 0.6) 2 5.8

(2) 0.8) 2 1.6

(3) 0.4) 2 8.4

(4) 0.9) 1 7.1

(5) 0.7) 1 7.5

(6) 0.5) 2 1.5

🌀 次の計算をしましょう。　　　　　　　　　1つ5点【10点】

スパイラルコーナー

(1) 80×4.9＝

(2) 300×0.13＝

21 小数のわり算⑥

目標時間
⏱
20分

学習した日　　　月　　　日

名前

得点
／100点

1521
解説→176ページ

❶ 次の筆算をしましょう。　　　　　　　　　　　1つ5点【60点】

(1)
5.7)1.7 1

(2)
3.6)3.2 4

(3)
9.1)1.8 2

(4)
7.3)5.8 4

(5)
3.6)1.4 4

(6)
2.4)1.6 8

(7)
9.5)8.5 5

(8)
6.4)3.8 4

(9)
7.3)2.1 9

(10)
3.9)3.1 2

(11)
4.8)1.9 2

(12)
5.7)1.1 4

❷ 次の筆算をしましょう。　　　　　　　　　　　1つ5点【30点】

(1)
0.6)2 5.8

(2)
0.8)2 1.6

(3)
0.4)2 8.4

(4)
0.9)1 7.1

(5)
0.7)1 7.5

(6)
0.5)2 1.5

 次の計算をしましょう。　　　　　　1つ5点【10点】

スパイラル
コーナー
(1)　$80 \times 4.9 =$

(2)　$300 \times 0.13 =$

22 小数のわり算⑦

学習した日　　月　　日　　得点　　／100点

名前

1522
解説→176ページ

❶ 次の筆算の答えを書きましょう。　　　　　　　1つ8点【16点】

(1)

```
        ┌──────┐
    ────┴──────┴──
3,2)  2、4.0
    2 2 4
    ─────────
      1 6 0
      1 6 0
    ─────────
          0
```

(　　　　　)

(2)

```
        ┌────┐
    ────┴────┴──
2、5)  7、0.
      5 0
    ─────────
      2 0 0
      2 0 0
    ─────────
          0
```

(　　　　　)

❷ 次の筆算をしましょう。　　　　　　　　　　　1つ8点【24点】

(1)　2.5)1.6

(2)　3.6)2.7

(3)　4.8)5.4

❸ 次の筆算をしましょう。　　　　　　　　　　　1つ8点【48点】

(1)　0.4)3.7

(2)　0.8)2.2 8

(3)　1.6)4

(4)　2.8)2 1

(5)　0.5)7

(6)　0.4)1 0

🔄 次の筆算をしましょう。　　　　　　　　　　　1つ4点【12点】

スパイラルコーナー

(1)
```
  3.2 7
× 　4.5
```

(2)
```
  7.8
×3.9
```

(3)
```
  2 8
×9.4
```

22 小数のわり算 ⑦

目標時間 ⏱ 20分

学習した日　　　月　　　日

名前

得点 ／100点

1522
解説→176ページ

❶ 次の筆算の答えを書きましょう。　　1つ8点【16点】

(1)
```
         ┌─────┐
    3,2 ) 2、4.0
          2 2 4
          1 6 0
          1 6 0
                0
```
（　　　　　）

(2)
```
         ┌───┐
    2,5 ) 7、0.
          5 0
          2 0 0
          2 0 0
                0
```
（　　　　　）

❷ 次の筆算をしましょう。　　1つ8点【24点】

(1)
```
    2.5 ) 1.6
```

(2)
```
    3.6 ) 2.7
```

(3)
```
    4.8 ) 5.4
```

❸ 次の筆算をしましょう。　　1つ8点【48点】

(1)
```
    0.4 ) 3.7
```

(2)
```
    0.8 ) 2.2 8
```

(3)
```
    1.6 ) 4
```

(4)
```
    2.8 ) 2 1
```

(5)
```
    0.5 ) 7
```

(6)
```
    0.4 ) 1 0
```

🔄 次の筆算をしましょう。　　1つ4点【12点】

スパイラルコーナー

(1)
```
      3.2 7
  ×   4.5
```

(2)
```
      7.8
  × 3.9
```

(3)
```
      2 8
  × 9.4
```

目標時間 ⏱ **20分**

🖊 学習した日　　　月　　　日　　名前　　　　　得点　／100点

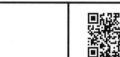
1523
解説→176ページ

❶ 2.3÷0.5の商を一の位まで求めて、余りも出します。ア〜ウにあてはまる数を答えましょう。

1つ6点【18点】

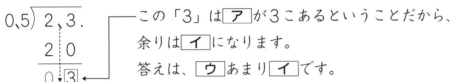

筆算をすると、
この「3」は ア が3こあるということだから、
余りは イ になります。
答えは、 ウ あまり イ です。

余りの小数点は、わられる数のもとの小数点にそろえてうちます。

ア（　　　）イ（　　　）ウ（　　　）

❷ 商を一の位まで求めて、余りも出しましょう。

1つ6点【36点】

(1)
3.2) 5.8

(2)
1.3) 4.2

(3)
2.2) 7.6

（　　　　）（　　　　）（　　　　）

(4)
8.6) 1 3.4

(5)
4.3) 3 4.9

(6)
3.7) 2 4.2

（　　　　）（　　　　）（　　　　）

❸ 商を一の位まで求めて、余りも出しましょう。

1つ7点【21点】

(1)
8.2) 1 5 0

(2)
4.3) 2 7 0

(3)
6.9) 4 6 0

（　　　　）（　　　　）（　　　　）

❹ 3.7mのテープを0.9mずつに切ります。テープは何本できて何m余りますか。

【全部できて7点】

（式）

答え（　　　　　　　　　）

🔄 次の計算をしましょう。

1つ6点【18点】

スパイラルコーナー

(1)
```
   4.3 8
×   7.1
```

(2)
```
   6.2 3
×   4.8
```

(3)
```
   3 7 2
×   2.8
```

23 小数のわり算 ⑧

目標時間
⏱
20分

学習した日　　　月　　　日　　　得点

名前

／100点

1523
解説→176ページ

❶ 2.3÷0.5の商を一の位まで求めて、余りも出します。ア～ウにあてはまる数を答えましょう。

1つ6点【18点】

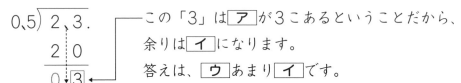

筆算をすると、
この「3」は ア が3こあるということだから、
余りは イ になります。
答えは、 ウ あまり イ です。

余りの小数点は、わられる数のもとの小数点にそろえてうちます。

ア（　　　　）イ（　　　　）ウ（　　　　）

❷ 商を一の位まで求めて、余りも出しましょう。

1つ6点【36点】

(1)
$3.2 \overline{)5.8}$

(2)
$1.3 \overline{)4.2}$

(3)
$2.2 \overline{)7.6}$

（　　　　）（　　　　）（　　　　）

(4)
$8.6 \overline{)13.4}$

(5)
$4.3 \overline{)34.9}$

(6)
$3.7 \overline{)24.2}$

（　　　　）（　　　　）（　　　　）

❸ 商を一の位まで求めて、余りも出しましょう。

1つ7点【21点】

(1)
$8.2 \overline{)150}$

(2)
$4.3 \overline{)270}$

(3)
$6.9 \overline{)460}$

（　　　　）（　　　　）（　　　　）

❹ 3.7mのテープを0.9mずつに切ります。テープは何本できて何m余りますか。

【全部できて7点】

(式)

答え（　　　　　　　　　　　　）

🔁 次の計算をしましょう。

1つ6点【18点】

スパイラルコーナー
(1)
　　4.3 8
×　　7.1

(2)
　　6.2 3
×　　4.8

(3)
　　3 7 2
×　　2.8

学習した日　　月　　日　　得点

名前

／100点

1524
解説→176ページ

---

❶ 次の筆算をしましょう。　　　　　　　　　1つ8点【48点】

(1)
$$2.4\,\overline{)\,1.8}$$

(2)
$$7.5\,\overline{)\,4.8}$$

(3)
$$5.6\,\overline{)\,1.2\,6}$$

(4)
$$0.4\,\overline{)\,2.9}$$

(5)
$$0.6\,\overline{)\,2.1\,9}$$

(6)
$$0.5\,\overline{)\,2.2\,1}$$

---

❷ 商を一の位まで求めて、余りも出しましょう。　　1つ7点【42点】

(1)
$$1.8\,\overline{)\,4.7}$$

(2)
$$1.4\,\overline{)\,5.9}$$

(3)
$$4.9\,\overline{)\,1\,7.8}$$

(　　　　　) (　　　　　) (　　　　　)

(4)
$$5.2\,\overline{)\,3\,1.5}$$

(5)
$$8.4\,\overline{)\,2\,3\,0}$$

(6)
$$7.3\,\overline{)\,4\,5\,0}$$

(　　　　　) (　　　　　) (　　　　　)

 次の筆算をしましょう。　　(1)(2)3点、(3)4点【10点】

スパイラルコーナー

(1)
$$\begin{array}{r} 2.8\,1 \\ \times\quad 6.4 \\ \hline \end{array}$$

(2)
$$\begin{array}{r} 5\,2.7 \\ \times\quad 4.9 \\ \hline \end{array}$$

(3)
$$\begin{array}{r} 8\,3 \\ \times\;5.6 \\ \hline \end{array}$$

24 小数のわり算 ⑨

 目標時間 ⏱ **20**分

✏ 学習した日	月	日	得点
名前			

1524
解説→176ページ

/100点

---

❶ 次の筆算をしましょう。 　　　　　　　　　　　　1つ8点【48点】

(1)
2.4〉1.8

(2)
7.5〉4.8

(3)
5.6〉1.2 6

(4)
0.4〉2.9

(5)
0.6〉2.1 9

(6)
0.5〉2.2 1

---

❷ 商を一の位まで求めて、余りも出しましょう。 　　　1つ7点【42点】

(1)
1.8〉4.7

(2)
1.4〉5.9

(3)
4.9〉1 7.8

(　　　　　　) (　　　　　　) (　　　　　　)

(4)
5.2〉3 1.5

(5)
8.4〉2 3 0

(6)
7.3〉4 5 0

(　　　　　　) (　　　　　　) (　　　　　　)

スパイラル
コーナー

次の筆算をしましょう。 　　　(1)(2)3点、(3)4点【10点】

(1)
　2.8 1
× 　6.4

(2)
　5 2.7
× 　4.9

(3)
　　8 3
× 5.6

50

25 小数のわり算 ⑩

学習した日　　　月　　　日　　得点

名前

／100点

1525
解説→177ページ

❶ 3.2÷1.7の商を四捨五入して、$\frac{1}{10}$ の位までのがい数で表します。

ア、イにあてはまる数を書きましょう。　　　　1つ5点【10点】

3.2÷1.7＝1.88…です。

$\frac{1}{10}$ の位までのがい数にするので、[ア] の位を四捨五入して、商は
[イ] です。

ア（　　　　　）イ（　　　　　）

❷ 商を四捨五入して、$\frac{1}{10}$ の位までのがい数で表しましょう。

1つ10点【30点】

(1)

2.8〉4.9

(2)

5.9〉7.2

(3)

1.8〉6.9

❸ 商を四捨五入して、$\frac{1}{10}$ の位までのがい数で表しましょう。

1つ10点【30点】

(1)

2.5〉7.1 2

(2)

5.7〉3 9.3

(3)

0.7〉2.6 9

 次の筆算をしましょう。　　　　1つ10点【30点】

スパイラルコーナー

(1)　　3.2 4
　　×　　4.5

(2)　　0.1 9
　　×　　4.3

(3)　　2 1.9
　　×　3.0 2

25 小数のわり算⑩

目標時間 ⏱ **20分**

1525
解説→177ページ

✐ 学習した日	月	日	得点
名前			／100点

❶ 3.2÷1.7の商を四捨五入して、$\frac{1}{10}$の位までのがい数で表します。

ア、イにあてはまる数を書きましょう。　1つ5点【10点】

3.2÷1.7＝1.88…です。

$\frac{1}{10}$の位までのがい数にするので、｜ ア ｜の位を四捨五入して、商は
｜ イ ｜です。

ア（　　　　　）イ（　　　　　）

❷ 商を四捨五入して、$\frac{1}{10}$の位までのがい数で表しましょう。

1つ10点【30点】

(1)
2.8〉4.9

(2)
5.9〉7.2

(3)
1.8〉6.9

❸ 商を四捨五入して、$\frac{1}{10}$の位までのがい数で表しましょう。

1つ10点【30点】

(1)
2.5〉7.12

(2)
5.7〉39.3

(3)
0.7〉2.69

 次の筆算をしましょう。　1つ10点【30点】

スパイラル
コーナー

(1)
```
   3.2 4
×    4.5
```

(2)
```
   0.1 9
×    4.3
```

(3)
```
   2 1.9
× 3.0 2
```

26 小数のわり算⑪

学習した日　　　月　　　日　　得点

名前

/100点

らくらく マルつけ

1526

解説→177ページ

---

❶ 商を四捨五入して、$\frac{1}{10}$ の位までのがい数で表しましょう。

1つ10点【60点】

(1)

$1.6\overline{)9.7}$

(2)

$2.1\overline{)8.2}$

(3)

$1.1\overline{)7.3}$

(4)

$3.4\overline{)8.1\,9}$

(5)

$4.1\overline{)9.2\,9}$

(6)

$1.3\overline{)7.9\,9}$

❷ 商を四捨五入して、$\frac{1}{10}$ の位までのがい数で表しましょう。

1つ10点【30点】

(1)

$0.9\overline{)2.1\,1}$

(2)

$0.8\overline{)1.2\,3}$

(3)

$0.7\overline{)5}$

次の筆算をしましょう。

(1)(2)3点、(3)4点【10点】

スパイラル
コーナー

(1)
```
   1.25
×   4.8
```

(2)
```
   0.21
×   3.7
```

(3)
```
   18.7
× 2.04
```

26 小数のわり算 ⑪

目標時間 ⏱ 20分

学習した日　　　月　　　日　　　得点

名前　　　　　　　　　　／100点

1526
解説→177ページ

❶ 商を四捨五入して、$\frac{1}{10}$ の位までのがい数で表しましょう。

1つ10点【60点】

(1)

1.6〉9.7

(2)

2.1〉8.2

(3)

1.1〉7.3

(4)

3.4〉8.19

(5)

4.1〉9.29

(6)

1.3〉7.99

❷ 商を四捨五入して、$\frac{1}{10}$ の位までのがい数で表しましょう。

1つ10点【30点】

(1)

0.9〉2.11

(2)

0.8〉1.23

(3)

0.7〉5

次の筆算をしましょう。

(1)(2)3点、(3)4点【10点】

スパイラルコーナー

(1)
$$\begin{array}{r} 1.25 \\ \times\ \ 4.8 \end{array}$$

(2)
$$\begin{array}{r} 0.21 \\ \times\ \ 3.7 \end{array}$$

(3)
$$\begin{array}{r} 18.7 \\ \times\ 2.04 \end{array}$$

27 まとめのテスト❹

目標時間 ⏱ 20分

✎ 学習した日　　月　　日　　得点

名前

／100点

1527
解説→177ページ

❶ 次の筆算をしましょう。
1つ6点【54点】

(1)
2.3〉4.3 7

(2)
7.4〉2 5.9

(3)
6.8〉4 7.6

(4)
7.2〉5.7 6

(5)
5.6〉4.2

(6)
3.2〉8

(7)
0.7〉1 9.6

(8)
0.6〉0.8 4

(9)
0.3〉6

❷ 商を一の位まで求めて、余りも出しましょう。
1つ9点【27点】

(1)
1.9〉5.4

(2)
8.3〉1 4.2

(3)
6.9〉2 5 0

(　　　　　)(　　　　　)(　　　　　)

❸ 5.7Lの重さが7.41kgのジュースがあります。このジュース1Lの重さは何kgですか。
【全部できて9点】

(式)

答え(　　　　　)

❹ 3.5kgのさとうを1人に0.8kgずつ配ります。何人に配れて、何kg余りますか。
【全部できて10点】

(式)

答え(　　　　　)

\ もう1回チャレンジ!! /

27 まとめのテスト❹

目標時間 ⏱ 20分

✎ 学習した日　　　月　　　日

名前

得点　　／100点

1527
解説→177ページ

❶ 次の筆算をしましょう。　　　　　　　　　　1つ6点【54点】

(1)

2.3)4.3 7

(2)

7.4)2 5.9

(3)

6.8)4 7.6

(4)

7.2)5.7 6

(5)

5.6)4.2

(6)

3.2)8

(7)

0.7)1 9.6

(8)

0.6)0.8 4

(9)

0.3)6

❷ 商を一の位まで求めて、余りも出しましょう。　1つ9点【27点】

(1)

1.9)5.4

(2)

8.3)1 4.2

(3)

6.9)2 5 0

(　　　　　　　) (　　　　　　　) (　　　　　　　)

❸ 5.7Lの重さが7.41kgのジュースがあります。このジュース1Lの重さは何kgですか。　　　　　　　　　　【全部できて9点】

(式)

答え(　　　　　　　　　　　)

❹ 3.5kgのさとうを1人に0.8kgずつ配ります。何人に配れて、何kg余りますか。　　　　　　　　　　【全部できて10点】

(式)

答え(　　　　　　　　　　　)

学習した日　　　月　　　日　　得点

名前

／100点

① 次の筆算をしましょう。

1つ7点【56点】

(1)
$$2.7\,\overline{)\,8.3\,7}$$

(2)
$$3.5\,\overline{)\,2\,9.4}$$

(3)
$$5.6\,\overline{)\,3\,3.6}$$

(4)
$$6.8\,\overline{)\,6.1\,2}$$

(5)
$$3.5\,\overline{)\,1.4}$$

(6)
$$2.8\,\overline{)\,4\,9}$$

(7)
$$0.4\,\overline{)\,2\,3.2}$$

(8)
$$0.3\,\overline{)\,6.9}$$

② 商を四捨五入して、$\dfrac{1}{10}$ の位までのがい数で表しましょう。

1つ8点【24点】

(1)
$$2.8\,\overline{)\,7.9}$$

(2)
$$1.9\,\overline{)\,5.1\,5}$$

(3)
$$6.2\,\overline{)\,4\,1.5}$$

③ 3.6mの重さが2.52kgのホースがあります。次の問いに答えましょう。

【20点】

(1) このホースが1mのときの重さは何kgですか。　（全部できて8点）

（式）

答え（　　　　　　　　　）

(2) このホースが1kgのときの長さは約何mですか。商を四捨五入して、$\dfrac{1}{10}$ の位までのがい数で表しましょう。　（全部できて12点）

（式）

答え（　　　　　　　　　）

28 まとめのテスト❺

目標時間 ⏱ 20分

学習した日　　月　　日

名前

得点 ／100点

1528
解説→178ページ

---

❶ 次の筆算をしましょう。　　　　　　　　　　　　1つ7点【56点】

(1)
$$2.7\overline{)8.3\ 7}$$

(2)
$$3.5\overline{)2\ 9.4}$$

(3)
$$5.6\overline{)3\ 3.6}$$

(4)
$$6.8\overline{)6.1\ 2}$$

(5)
$$3.5\overline{)1.4}$$

(6)
$$2.8\overline{)4\ 9}$$

(7)
$$0.4\overline{)2\ 3.2}$$

(8)
$$0.3\overline{)6.9}$$

---

❷ 商を四捨五入して、$\frac{1}{10}$ の位までのがい数で表しましょう。

1つ8点【24点】

(1)
$$2.8\overline{)7.9}$$

(2)
$$1.9\overline{)5.1\ 5}$$

(3)
$$6.2\overline{)4\ 1.5}$$

---

❸ 3.6mの重さが2.52kgのホースがあります。次の問いに答えましょう。

【20点】

(1) このホースが1mのときの重さは何kgですか。　　　（全部できて8点）

（式）

答え（　　　　　　　　　）

(2) このホースが1kgのときの長さは約何mですか。商を四捨五入して、$\frac{1}{10}$ の位までのがい数で表しましょう。　　　（全部できて12点）

（式）

答え（　　　　　　　　　）

目標時間 ⏱ 20分

/学習した日　　月　　日

名前

得点

／100点

1529
解説→178ページ

❶ 1mのねだんが230円のリボンがあります。このリボン1.6mのねだんは何円ですか。 【全部できて16点】

（式）

答え（　　　　　　　　）

❷ 1m²の重さが1.27kgの板があります。この板3.8m²の重さは何kgですか。 【全部できて16点】

（式）

答え（　　　　　　　　）

❸ たてが3.6cm、横が6.21cmの長方形の面積は何cm²ですか。 【全部できて16点】

（式）

答え（　　　　　　　　）

❹ 1Lで5.6m²のかべをぬれるペンキがあります。14m²のかべをぬるには、ペンキは何Lいりますか。 【全部できて16点】

（式）

答え（　　　　　　　　）

❺ 2.6Lの重さが3.08kgのすながあります。このすな1Lの重さは約何kgですか。四捨五入して、$\frac{1}{10}$の位までのがい数で表しましょう。 【全部できて16点】

（式）

答え（　　　　　　　　）

🔁 次の計算をしましょう。 1つ5点【20点】

スパイラルコーナー

(1)　72÷1.8＝

(2)　360÷1.5＝

(3)　42÷0.6＝

(4)　168÷0.6＝

29 小数のかけ算、わり算①

 目標時間 **20**分

学習した日 　　　月　　　日
名前

得点 　／100点

1529
解説→178ページ

❶ 1mのねだんが230円のリボンがあります。このリボン1.6mのねだんは何円ですか。 【全部できて16点】

（式）

答え（　　　　　　　）

❷ 1m²の重さが1.27kgの板があります。この板3.8m²の重さは何kgですか。 【全部できて16点】

（式）

答え（　　　　　　　）

❸ たてが3.6cm、横が6.21cmの長方形の面積は何cm²ですか。 【全部できて16点】

（式）

答え（　　　　　　　）

❹ 1Lで5.6m²のかべをぬれるペンキがあります。14m²のかべをぬるには、ペンキは何Lいりますか。 【全部できて16点】

（式）

答え（　　　　　　　）

❺ 2.6Lの重さが3.08kgのすながあります。このすな1Lの重さは約何kgですか。四捨五入して、$\frac{1}{10}$の位までのがい数で表しましょう。 【全部できて16点】

（式）

答え（　　　　　　　）

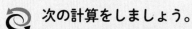 次の計算をしましょう。 1つ5点【20点】

スパイラルコーナー
(1) 72÷1.8＝
(2) 360÷1.5＝

(3) 42÷0.6＝
(4) 168÷0.6＝

30 小数のかけ算、わり算②

目標時間 20分

学習した日　　月　　日

名前

得点　　／100点

1530
解説→178ページ

❶ 5.5kgのねん土を0.8kgずつ配ります。何人に配れて何kg余りますか。　【全部できて16点】

(式)

答え(　　　　　　　　)

❷ 1Lで4.5m²のかべをぬれるペンキがあります。このペンキ6.5Lでかべは何m²ぬれますか。　【全部できて16点】

(式)

答え(　　　　　　　　)

❸ 8.4mの重さが6.3kgのパイプがあります。このパイプ1mの重さは何kgですか。　【全部できて16点】

(式)

答え(　　　　　　　　)

❹ 1mの重さが22.5gのはり金があります。このはり金4.8mの重さは何gですか。　【全部できて16点】

(式)

答え(　　　　　　　　)

❺ 9.6mのテープを1.2mずつに分けます。1.2mのテープは何本できますか。　【全部できて16点】

(式)

答え(　　　　　　　　)

 次の計算をしましょう。　1つ5点【20点】

スパイラルコーナー

(1) $27 \div 1.35 =$

(2) $68 \div 1.36 =$

(3) $14 \div 0.35 =$

(4) $11 \div 0.22 =$

30 小数のかけ算、わり算 ②

学習した日　　月　　日　　得点

名前

／100点

1530
解説→178ページ

---

❶ 5.5kgのねん土を0.8kgずつ配ります。何人に配れて何kg余りますか。　【全部できて16点】

（式）

答え（　　　　　　　　　）

❷ 1Lで4.5m²のかべをぬれるペンキがあります。このペンキ6.5Lでかべは何m²ぬれますか。　【全部できて16点】

（式）

答え（　　　　　　　　　）

❸ 8.4mの重さが6.3kgのパイプがあります。このパイプ1mの重さは何kgですか。　【全部できて16点】

（式）

答え（　　　　　　　　　）

❹ 1mの重さが22.5gのはり金があります。このはり金4.8mの重さは何gですか。　【全部できて16点】

（式）

答え（　　　　　　　　　）

❺ 9.6mのテープを1.2mずつに分けます。1.2mのテープは何本できますか。　【全部できて16点】

（式）

答え（　　　　　　　　　）

🔄 次の計算をしましょう。　1つ5点【20点】

スパイラル
コーナー

(1) $27 \div 1.35 =$　　(2) $68 \div 1.36 =$

(3) $14 \div 0.35 =$　　(4) $11 \div 0.22 =$

目標時間 ⏱ 20分

🖉 学習した日　　月　　日　　得点

名前

／100点

1531
解説→179ページ

❶ 順に計算の結果を書きましょう。　【40点】

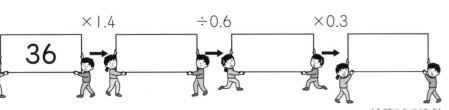

(1)　36　×1.4 → ÷0.6 → ×0.3
（全部できて10点）

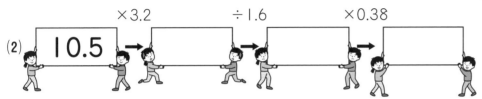

(2)　10.5　×3.2 → ÷1.6 → ×0.38
（全部できて10点）

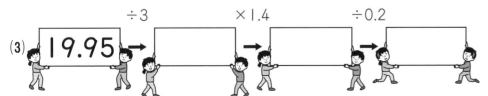

(3)　19.95　÷3 → ×1.4 → ÷0.2
（全部できて10点）

(4)　37.24　×0.5 → ÷0.4 → ×2.4
（全部できて10点）

❷ 【ステップ1】　次の □ にあてはまる数を書きましょう。　【30点】

(1)　（全部できて15点）

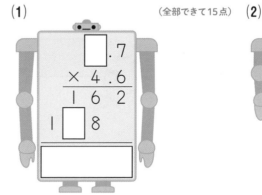

```
    □ . 7
  ×  4 . 6
  ─────────
    1  6  2
  □ □ 8
```

(2)　（15点）

```
        0 . 3
  3 . □ ) 1 . 1 7
          1  1  7
          ───────
              0
```

❸ 【ステップ2】　次の □ にあてはまる数を書きましょう。　【30点】

(1)　（全部できて15点）

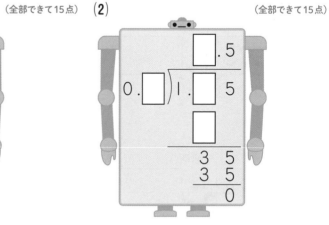

```
    0 . 5 □
  ×   □ . 5
  ─────────
    2  9  0
  5 □ 2
```

(2)　（全部できて15点）

```
        □ . 5
  0 . □ ) 1 . □ 5

          3  5
          3  5
          ─────
              0
```

31 パズル ①

✐ 学習した日　　　月　　　日

名前

得点

／100点

1531
解説→179ページ

❶ 順に計算の結果を書きましょう。　　　　　　　　　　　　　　【40点】

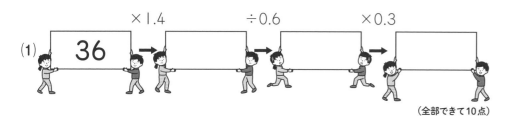

(1)　36　→　×1.4　→　÷0.6　→　×0.3

（全部できて10点）

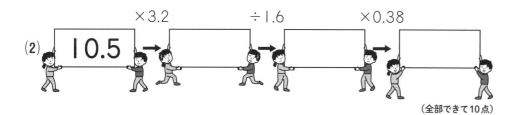

(2)　10.5　→　×3.2　→　÷1.6　→　×0.38

（全部できて10点）

(3)　19.95　→　÷3　→　×1.4　→　÷0.2

（全部できて10点）

(4)　37.24　→　×0.5　→　÷0.4　→　×2.4

（全部できて10点）

❷【ステップ１】　次の □ にあてはまる数を書きましょう。　【30点】

(1)　　　　　　　　　　（全部できて15点）

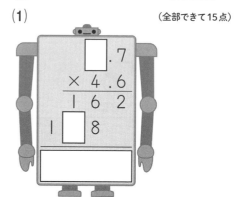

(2)　　　　　　　　　（15点）

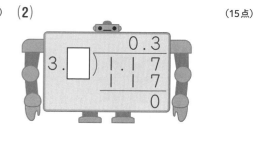

❸【ステップ２】　次の □ にあてはまる数を書きましょう。　【30点】

(1)　　　　　　　　　（全部できて15点）

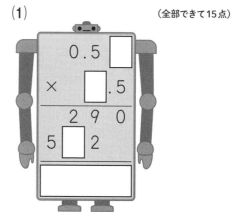

(2)　　　　　　　　　（全部できて15点）

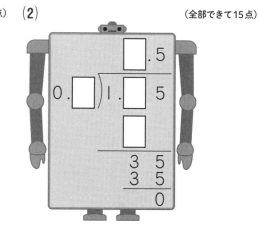

32 小数倍 ①

目標時間 ⏱ 20分

学習した日　　月　　日　　得点

名前

/100点

1532
解説→179ページ

❶ 次の数は1.6の何倍ですか。 1つ5点【30点】

(1) 3.2

(　　　　　　)

(2) 4.8

(　　　　　　)

(3) 8

(　　　　　　)

(4) 1.28

(　　　　　　)

(5) 0.64

(　　　　　　)

(6) 0.24

(　　　　　　)

❷ 次の数は0.4の何倍ですか。 1つ5点【40点】

(1) 1.2

(　　　　　　)

(2) 3.6

(　　　　　　)

(3) 6.4

(　　　　　　)

(4) 3.4

(　　　　　　)

(5) 3.8

(　　　　　　)

(6) 0.16

(　　　　　　)

(7) 0.06

(　　　　　　)

(8) 0.032

(　　　　　　)

❸ 赤いリボンは2.4m、青いリボンは9.6m、白いリボンは0.3mです。次の問いに答えましょう。 【15点】

(1) 赤いリボンの長さは青いリボンの長さの何倍ですか。 (全部できて5点)

(式)

答え(　　　　　　)

(2) 青いリボンの長さは白いリボンの長さの何倍ですか。 (全部できて5点)

(式)

答え(　　　　　　)

(3) 白いリボンの長さは赤いリボンの長さの何倍ですか。 (全部できて5点)

(式)

答え(　　　　　　)

🔁 次の筆算をしましょう。 1つ5点【15点】

スパイラルコーナー

(1)

$2.6\overline{)9.8\,8}$

(2)

$3.4\overline{)5.1}$

(3)

$4.2\overline{)2\,9.4}$

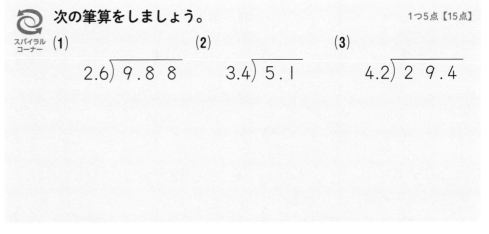

32 小数倍 ①

らくらく マルつけ

目標時間 ⏱ **20**分

✐ 学習した日	月	日	得点
名前			/100点

1532
解説→179ページ

❶ **次の数は1.6の何倍ですか。** 1つ5点【30点】

(1) 3.2

(　　　　　　　)

(2) 4.8

(　　　　　　　)

(3) 8

(　　　　　　　)

(4) 1.28

(　　　　　　　)

(5) 0.64

(　　　　　　　)

(6) 0.24

(　　　　　　　)

❷ **次の数は0.4の何倍ですか。** 1つ5点【40点】

(1) 1.2

(　　　　　　　)

(2) 3.6

(　　　　　　　)

(3) 6.4

(　　　　　　　)

(4) 3.4

(　　　　　　　)

(5) 3.8

(　　　　　　　)

(6) 0.16

(　　　　　　　)

(7) 0.06

(　　　　　　　)

(8) 0.032

(　　　　　　　)

❸ **赤いリボンは2.4m、青いリボンは9.6m、白いリボンは0.3mです。次の問いに答えましょう。** 【15点】

(1) 赤いリボンの長さは青いリボンの長さの何倍ですか。 (全部できて5点)

(式)

答え(　　　　　　　)

(2) 青いリボンの長さは白いリボンの長さの何倍ですか。 (全部できて5点)

(式)

答え(　　　　　　　)

(3) 白いリボンの長さは赤いリボンの長さの何倍ですか。 (全部できて5点)

(式)

答え(　　　　　　　)

🔄 **次の筆算をしましょう。** 1つ5点【15点】
スパイラル
コーナー

(1)

2.6)9.8 8

(2)

3.4)5.1

(3)

4.2)2 9.4

66

1 1m²あたりの重さが1.8kgの板があります。この板の広さが次のとき、重さは何kgになりますか。
1つ5点【30点】

(1) 3m²
（　　　　　）

(2) 5m²
（　　　　　）

(3) 1.7m²
（　　　　　）

(4) 36m²
（　　　　　）

(5) 0.8m²
（　　　　　）

(6) 0.55m²
（　　　　　）

2 1Lあたり0.9kgの油があります。この油の量が次のとき、重さは何kgになりますか。
1つ6点【36点】

(1) 2L
（　　　　　）

(2) 6L
（　　　　　）

(3) 3.5L
（　　　　　）

(4) 7.3L
（　　　　　）

(5) 0.7L
（　　　　　）

(6) 0.65L
（　　　　　）

3 ネコとイヌとウサギとモルモットがいます。ネコの体重は5kgでイヌはネコの1.4倍、ウサギはネコの0.4倍、モルモットはネコの0.22倍の体重です。次の問いに答えましょう。
【16点】

(1) イヌの体重は何kgですか。
（全部できて5点）

(式)

答え（　　　　　）

(2) ウサギの体重は何kgですか。
（全部できて5点）

(式)

答え（　　　　　）

(3) モルモットの体重は何kgですか。
（全部できて6点）

(式)

答え（　　　　　）

次の筆算をしましょう。
1つ6点【18点】

スパイラル
コーナー

(1)
3.9) 2.7 3

(2)
8.6) 3.4 4

(3)
0.8) 5 8.4

33 小数倍 ②

目標時間 ⏱ 20分

学習した日　　　月　　　日　　　得点

名前　　　　　　　　　　　　　／100点

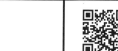
1533
解説→179ページ

❶ 1m²あたりの重さが1.8kgの板があります。この板の広さが次のとき、重さは何kgになりますか。　　　1つ5点【30点】

(1)　3m²
(　　　　　　　）

(2)　5m²
(　　　　　　　）

(3)　1.7m²
(　　　　　　　）

(4)　36m²
(　　　　　　　）

(5)　0.8m²
(　　　　　　　）

(6)　0.55m²
(　　　　　　　）

❷ 1Lあたり0.9kgの油があります。この油の量が次のとき、重さは何kgになりますか。　　　1つ6点【36点】

(1)　2L
(　　　　　　　）

(2)　6L
(　　　　　　　）

(3)　3.5L
(　　　　　　　）

(4)　7.3L
(　　　　　　　）

(5)　0.7L
(　　　　　　　）

(6)　0.65L
(　　　　　　　）

❸ ネコとイヌとウサギとモルモットがいます。ネコの体重は5kgでイヌはネコの1.4倍、ウサギはネコの0.4倍、モルモットはネコの0.22倍の体重です。次の問いに答えましょう。　　　【16点】

(1)　イヌの体重は何kgですか。　　　（全部できて5点）

(式)

答え(　　　　　　　）

(2)　ウサギの体重は何kgですか。　　　（全部できて5点）

(式)

答え(　　　　　　　）

(3)　モルモットの体重は何kgですか。　　　（全部できて6点）

(式)

答え(　　　　　　　）

🔄 次の筆算をしましょう。　　　1つ6点【18点】

スパイラルコーナー

(1) $3.9\overline{)2.7\,3}$

(2) $8.6\overline{)3.4\,4}$

(3) $0.8\overline{)5\,8.4}$

学習した日　　　月　　　日　　得点

名前

／100点

1534
解説→180ページ

❶ 赤いテープの長さは48cmです。赤いテープの長さが青いテープの長さの何倍かであったとき、青いテープの長さを求めましょう。

1つ5点【30点】

(1)　1.6倍

(2)　9.6倍

(　　　　　　)　　　(　　　　　　)

(3)　2.5倍

(4)　0.3倍

(　　　　　　)　　　(　　　　　　)

(5)　0.12倍

(6)　0.04倍

(　　　　　　)　　　(　　　　　　)

❷ 3.6tの石があります。3.6tの石の重さがもう一つの石の重さの何倍かであったとき、もう1つの石の重さを求めましょう。

1つ6点【36点】

(1)　1.5倍

(2)　2.4倍

(　　　　　　)　　　(　　　　　　)

(3)　14.4倍

(4)　0.9倍

(　　　　　　)　　　(　　　　　　)

(5)　0.24倍

(6)　0.08倍

(　　　　　　)　　　(　　　　　　)

❸ Aの水そうには96Lの水が入ります。Aの水そうに入る水の量は、Bの水そうに入る水の量の1.5倍で、Cの水そうに入る水の量の0.8倍です。次の問いに答えましょう。

【16点】

(1)　Bの水そうに入る水の量は何Lですか。

(全部できて8点)

(式)

答え(　　　　　　)

(2)　Cの水そうに入る水の量は何Lですか。

(全部できて8点)

(式)

答え(　　　　　　)

🔄 次の筆算をしましょう。

1つ6点【18点】

スパイラルコーナー

(1)　$7.2\overline{)5.4}$

(2)　$5.6\overline{)6.3}$

(3)　$0.4\overline{)2.9}$

34 小数倍 ③

目標時間
20分

学習した日	月	日	得点
名前			/100点

1534
解説→180ページ

❶ 赤いテープの長さは48cmです。赤いテープの長さが青いテープの長さの何倍かであったとき、青いテープの長さを求めましょう。

1つ5点【30点】

(1) 1.6倍

(2) 9.6倍

(　　　　　)　　　(　　　　　)

(3) 2.5倍

(4) 0.3倍

(　　　　　)　　　(　　　　　)

(5) 0.12倍

(6) 0.04倍

(　　　　　)　　　(　　　　　)

❷ 3.6tの石があります。3.6tの石の重さがもう一つの石の重さの何倍かであったとき、もう1つの石の重さを求めましょう。 1つ6点【36点】

(1) 1.5倍

(2) 2.4倍

(　　　　　)　　　(　　　　　)

(3) 14.4倍

(4) 0.9倍

(　　　　　)　　　(　　　　　)

(5) 0.24倍

(6) 0.08倍

(　　　　　)　　　(　　　　　)

❸ Aの水そうには96Lの水が入ります。Aの水そうに入る水の量は、Bの水そうに入る水の量の1.5倍で、Cの水そうに入る水の量の0.8倍です。次の問いに答えましょう。

【16点】

(1) Bの水そうに入る水の量は何Lですか。 (全部できて8点)

(式)

答え(　　　　　)

(2) Cの水そうに入る水の量は何Lですか。 (全部できて8点)

(式)

答え(　　　　　)

次の筆算をしましょう。

1つ6点【18点】

スパイラルコーナー

(1)

$7.2 \overline{)5.4}$

(2)

$5.6 \overline{)6.3}$

(3)

$0.4 \overline{)2.9}$

目標時間 ⏱ 20分

学習した日　　　月　　　日　　　得点

名前

／100点

 1535
解説→180ページ

❶ 次の数の倍数を、小さい順に３つ書きましょう。　　　1つ4点【56点】

(1) 2

(2) 3

(　　　　　　）　（　　　　　　）

(3) 5

(4) 9

(　　　　　　）　（　　　　　　）

(5) 13

(6) 16

(　　　　　　）　（　　　　　　）

(7) 19

(8) 22

(　　　　　　）　（　　　　　　）

(9) 26

(10) 31

(　　　　　　）　（　　　　　　）

(11) 47

(12) 53

(　　　　　　）　（　　　　　　）

(13) 66

(14) 72

(　　　　　　）　（　　　　　　）

❷ 次の数の倍数を、小さい順に３つ書きましょう。　　　1つ4点【24点】

(1) 80

(2) 75

(　　　　　　）　（　　　　　　）

(3) 92

(4) 96

(　　　　　　）　（　　　　　　）

(5) 125

(6) 250

(　　　　　　）　（　　　　　　）

🔄 商を一の位まで求めて、余りも出しましょう。

スパイラルコーナー

(1)6点、(2)(3)1つ7点【20点】

(1)
$2.8\overline{)6.5}$

(2)
$7.3\overline{)89}$

(3)
$9.6\overline{)490}$

(　　　　　）（　　　　　）（　　　　　）

35 倍数と約数 ①

目標時間 ⏱ 20分

✏ 学習した日	月	日	得点
名前			/100点

1535
解説→180ページ

---

❶ 次の数の倍数を、小さい順に３つ書きましょう。 1つ4点【56点】

(1) 2

( )　( )

(3) 5

( )　( )

(5) 13

( )　( )

(7) 19

( )　( )

(9) 26

( )　( )

(11) 47

( )　( )

(13) 66

( )　( )

(2) 3

( )　( )

(4) 9

( )　( )

(6) 16

( )　( )

(8) 22

( )　( )

(10) 31

( )　( )

(12) 53

( )　( )

(14) 72

( )　( )

---

❷ 次の数の倍数を、小さい順に３つ書きましょう。 1つ4点【24点】

(1) 80

( )　( )

(3) 92

( )　( )

(5) 125

( )　( )

(2) 75

( )　( )

(4) 96

( )　( )

(6) 250

( )　( )

スパイラルコーナー 商を一の位まで求めて、余りも出しましょう。

(1)6点、(2)(3)1つ7点【20点】

(1)
$$2.8 \overline{)6.5}$$

(2)
$$7.3 \overline{)8\ 9}$$

(3)
$$9.6 \overline{)4\ 9\ 0}$$

( )　( )　( )

❶ 次の数の公倍数を、小さい順に３つ書きましょう。　1つ4点【56点】

(1) 3、7

(　　　　　　　）

(2) 2、11

(　　　　　）　　（　　　　　）

(3) 5、13

(　　　　　　　）

(4) 7、15

(　　　　　）　　（　　　　　）

(5) 4、12

(　　　　　　　）

(6) 3、15

(　　　　　）　　（　　　　　）

(7) 8、24

(　　　　　　　）

(8) 6、18

(　　　　　）　　（　　　　　）

(9) 6、10

(　　　　　　　）

(10) 9、15

(　　　　　）　　（　　　　　）

(11) 12、21

(　　　　　　　）

(12) 24、32

(　　　　　）　　（　　　　　）

(13) 2、3、7

(　　　　　　　）

(14) 6、12、16

(　　　　　）　　（　　　　　）

❷ 次の数の最小公倍数を書きましょう。　1つ4点【32点】

(1) 3、5

(　　　　　　　）

(2) 7、9

(　　　　　）

(3) 8、16

(　　　　　　　）

(4) 12、36

(　　　　　）

(5) 14、21

(　　　　　　　）

(6) 16、40

(　　　　　）

(7) 2、5、8

(　　　　　　　）

(8) 16、20、24

(　　　　　）

🔄 スパイラル
コーナー
商を四捨五入して、$\dfrac{1}{10}$の位までのがい数で表しましょう。
1つ6点【12点】

(1)

2.9⟌5.1

(2)

2.3⟌8.7

36 倍数と約数 ②

目標時間 ⏱ 20分

らくらくマルつけ

1536
解説→180ページ

学習した日　　月　　日　　得点

名前

／100点

❶ 次の数の公倍数を、小さい順に３つ書きましょう。　1つ4点【56点】

(1) 3、7

(　　　　　　　）

(2) 2、11

（　　　　　　　）

(3) 5、13

(　　　　　　　）

(4) 7、15

（　　　　　　　）

(5) 4、12

(　　　　　　　）

(6) 3、15

（　　　　　　　）

(7) 8、24

(　　　　　　　）

(8) 6、18

（　　　　　　　）

(9) 6、10

(　　　　　　　）

(10) 9、15

（　　　　　　　）

(11) 12、21

(　　　　　　　）

(12) 24、32

（　　　　　　　）

(13) 2、3、7

(　　　　　　　）

(14) 6、12、16

（　　　　　　　）

❷ 次の数の最小公倍数を書きましょう。　1つ4点【32点】

(1) 3、5

（　　　　　）

(2) 7、9

（　　　　　）

(3) 8、16

（　　　　　）

(4) 12、36

（　　　　　）

(5) 14、21

（　　　　　）

(6) 16、40

（　　　　　）

(7) 2、5、8

（　　　　　）

(8) 16、20、24

（　　　　　）

 商を四捨五入して、$\frac{1}{10}$ の位までのがい数で表しましょう。

スパイラルコーナー

1つ6点【12点】

(1)

2.9〉5.1

(2)

2.3〉8.7

目標時間
⏱
20分

学習した日　　　月　　　日　　得点

名前

／100点

1537
解説→181ページ

① 次の数の約数をすべて書きましょう。　　　　1つ4点【44点】

(1) 6

（　　　　　　　　　　　　　）

(2) 11

（　　　　　　　　　　　　　）

(3) 16

（　　　　　　　　　　　　　）

(4) 24

（　　　　　　　　　　　　　）

(5) 28

（　　　　　　　　　　　　　）

(6) 48

（　　　　　　　　　　　　　）

(7) 64

（　　　　　　　　　　　　　）

(8) 51

（　　　　　　　　　　　　　）

(9) 91

（　　　　　　　　　　　　　）

(10) 75

（　　　　　　　　　　　　　）

(11) 82

（　　　　　　　　　　　　　）

② 次の数の約数をすべて書きましょう。　　　　1つ4点【24点】

(1) 100

（　　　　　　　　　　　　　）

(2) 122

（　　　　　　　　　　　　　）

(3) 145

（　　　　　　　　　　　　　）

(4) 189

（　　　　　　　　　　　　　）

(5) 205

（　　　　　　　　　　　　　）

(6) 217

（　　　　　　　　　　　　　）

 次の数は 2.4 の何倍ですか。　　　　1つ4点【32点】

スパイラルコーナー

(1) 7.2　　　　　　　　　(2) 12

（　　　　　　）　　　　　（　　　　　　）

(3) 19.2　　　　　　　　(4) 3.6

（　　　　　　）　　　　　（　　　　　　）

(5) 13.2　　　　　　　　(6) 20.4

（　　　　　　）　　　　　（　　　　　　）

(7) 0.96　　　　　　　　(8) 0.36

（　　　　　　）　　　　　（　　　　　　）

37 倍数と約数 ③

目標時間 ⏱ 20分

学習した日　　月　　日

名前

得点

／100点

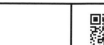

1537
解説→181ページ

❶ 次の数の約数をすべて書きましょう。 1つ4点【44点】

(1) 6

(　　　　　　　　　　　　)

(2) 11

(　　　　　　　　　　　　)

(3) 16

(　　　　　　　　　　　　)

(4) 24

(　　　　　　　　　　　　)

(5) 28

(　　　　　　　　　　　　)

(6) 48

(　　　　　　　　　　　　)

(7) 64

(　　　　　　　　　　　　)

(8) 51

(　　　　　　　　　　　　)

(9) 91

(　　　　　　　　　　　　)

(10) 75

(　　　　　　　　　　　　)

(11) 82

(　　　　　　　　　　　　)

❷ 次の数の約数をすべて書きましょう。 1つ4点【24点】

(1) 100

(　　　　　　　　　　　　)

(2) 122

(　　　　　　　　　　　　)

(3) 145

(　　　　　　　　　　　　)

(4) 189

(　　　　　　　　　　　　)

(5) 205

(　　　　　　　　　　　　)

(6) 217

(　　　　　　　　　　　　)

 次の数は2.4の何倍ですか。 1つ4点【32点】

スパイラルコーナー

(1) 7.2

(　　　　　　　)

(2) 12

(　　　　　　　)

(3) 19.2

(　　　　　　　)

(4) 3.6

(　　　　　　　)

(5) 13.2

(　　　　　　　)

(6) 20.4

(　　　　　　　)

(7) 0.96

(　　　　　　　)

(8) 0.36

(　　　　　　　)

38 倍数と約数 ④

学習した日　　月　　日　　得点

名前

/100点

1538
解説→181ページ

❶ 次の数の公約数をすべて書きましょう。　1つ4点【20点】

(1) 4、18

（　　　　　　　　　　　　）

(2) 16、24

（　　　　　　　　　　　　）

(3) 27、54

（　　　　　　　　　　　　）

(4) 48、60

（　　　　　　　　　　　　）

(5) 75、120

（　　　　　　　　　　　　）

❷ 次の数の最大公約数を書きましょう。　1つ3点【24点】

(1) 8、24　　　　　　　(2) 9、36

（　　　　　　）　　　（　　　　　　）

(3) 10、25　　　　　　(4) 18、30

（　　　　　　）　　　（　　　　　　）

(5) 56、64　　　　　　(6) 52、65

（　　　　　　）　　　（　　　　　　）

(7) 68、119　　　　　(8) 42、98

（　　　　　　）　　　（　　　　　　）

❸ 次の数の最大公約数を書きましょう。　1つ4点【40点】

(1) 30、45　　　　　　(2) 78、143

（　　　　　　）　　　（　　　　　　）

(3) 84、108　　　　　(4) 45、120

（　　　　　　）　　　（　　　　　　）

(5) 63、105　　　　　(6) 48、168

（　　　　　　）　　　（　　　　　　）

(7) 6、15、18　　　　(8) 25、30、40

（　　　　　　）　　　（　　　　　　）

(9) 28、35、56　　　(10) 18、36、63

（　　　　　　）　　　（　　　　　　）

🔄 **1mあたりの重さが2.3kgのパイプがあります。このパイプの長さが次のとき、パイプの重さは何kgになりますか。**　1つ4点【16点】

スパイラルコーナー

(1) 5m　　　　　　　(2) 1.9m

（　　　　　　）　　　（　　　　　　　　）

(3) 4.9m　　　　　　(4) 0.9m

（　　　　　　）　　　（　　　　　　　　）

38 倍数と約数 ④

学習した日	月	日	得点
名前			/100点

1538
解説→181ページ

❶ 次の数の公約数をすべて書きましょう。　　1つ4点【20点】

(1) 4、18

（　　　　　　　　　　　）

(2) 16、24

（　　　　　　　　　　　）

(3) 27、54

（　　　　　　　　　　　）

(4) 48、60

（　　　　　　　　　　　）

(5) 75、120

（　　　　　　　　　　　）

❷ 次の数の最大公約数を書きましょう。　　1つ3点【24点】

(1) 8、24　　　　　　　　　　(2) 9、36

（　　　　　　）　　　　　　（　　　　　　）

(3) 10、25　　　　　　　　　(4) 18、30

（　　　　　　）　　　　　　（　　　　　　）

(5) 56、64　　　　　　　　　(6) 52、65

（　　　　　　）　　　　　　（　　　　　　）

(7) 68、119　　　　　　　　(8) 42、98

（　　　　　　）　　　　　　（　　　　　　）

❸ 次の数の最大公約数を書きましょう。　　1つ4点【40点】

(1) 30、45　　　　　　　　　(2) 78、143

（　　　　　　）　　　　　　（　　　　　　）

(3) 84、108　　　　　　　　(4) 45、120

（　　　　　　）　　　　　　（　　　　　　）

(5) 63、105　　　　　　　　(6) 48、168

（　　　　　　）　　　　　　（　　　　　　）

(7) 6、15、18　　　　　　　(8) 25、30、40

（　　　　　　）　　　　　　（　　　　　　）

(9) 28、35、56　　　　　　(10) 18、36、63

（　　　　　　）　　　　　　（　　　　　　）

🔄 スパイラルコーナー　1mあたりの重さが2.3kgのパイプがあります。このパイプの長さが次のとき、パイプの重さは何kgになりますか。　　1つ4点【16点】

(1) 5m　　　　　　　　　　(2) 1.9m

（　　　　　　　　）　　　（　　　　　　　　）

(3) 4.9m　　　　　　　　　(4) 0.9m

（　　　　　　　　）　　　（　　　　　　　　）

目標時間 20分

学習した日　　月　　日　　得点

名前

/100点

1539
解説→181ページ

らくらく
マルつけ

❶ 1mあたり3.2kgの鉄のぼうがあります。このぼうの長さが次のとき、重さは何kgになりますか。

1つ5点【30点】

(1) 2m

(2) 1.5m

(　　　　　　　　）（　　　　　　　　）

(3) 3.4m

(4) 0.5m

(　　　　　　　　）（　　　　　　　　）

(5) 0.8m

(6) 0.25m

(　　　　　　　　）（　　　　　　　　）

❷ 次の数の倍数を、小さい順に3つ書きましょう。

1つ3点【24点】

(1) 4

(2) 6

(　　　　　　　　）（　　　　　　　　）

(3) 8

(4) 12

(　　　　　　　　）（　　　　　　　　）

(5) 18

(6) 49

(　　　　　　　　）（　　　　　　　　）

(7) 69

(8) 85

(　　　　　　　　）（　　　　　　　　）

❸ 次の数の最小公倍数を書きましょう。

1つ3点【36点】

(1) 2、7

(2) 3、13

(　　　　　　　　）（　　　　　　　　）

(3) 5、9

(4) 8、17

(　　　　　　　　）（　　　　　　　　）

(5) 3、18

(6) 6、24

(　　　　　　　　）（　　　　　　　　）

(7) 15、24

(8) 20、32

(　　　　　　　　）（　　　　　　　　）

(9) 24、36

(10) 42、70

(　　　　　　　　）（　　　　　　　　）

(11) 3、12、20

(12) 8、21、28

(　　　　　　　　）（　　　　　　　　）

❹ 駅から北町行きのバスは8分おきに、南町行きのバスは12分おきに、東町行きのバスは36分おきに出ています。午前9時ちょうどに、北町行き、南町行き、東町行きのバスが同時に発車しました。次の問いに答えましょう。

1つ5点【10点】

(1) 午前9時の次に北町行きと南町行きが同時に発車するのは何時何分ですか。

(　　　　　　　　　　　）

(2) 午前9時の次に3台が同時に発車するのは何時何分ですか。

(　　　　　　　　　　　）

39 まとめのテスト❻

学習した日　　　月　　　日　　得点

名前

/100点

1539　解説→181ページ

❶ 1mあたり3.2kgの鉄のぼうがあります。このぼうの長さが次のとき、重さは何kgになりますか。

1つ5点【30点】

(1) 2m　　　　　　　　　　　　(2) 1.5m

（　　　　　　）　　　（　　　　　　）

(3) 3.4m　　　　　　　　　　　(4) 0.5m

（　　　　　　）　　　（　　　　　　）

(5) 0.8m　　　　　　　　　　　(6) 0.25m

（　　　　　　）　　　（　　　　　　）

❷ 次の数の倍数を、小さい順に3つ書きましょう。

1つ3点【24点】

(1) 4　　　　　　　　　　　　　(2) 6

（　　　　　　）　　　（　　　　　　）

(3) 8　　　　　　　　　　　　　(4) 12

（　　　　　　）　　　（　　　　　　）

(5) 18　　　　　　　　　　　　(6) 49

（　　　　　　）　　　（　　　　　　）

(7) 69　　　　　　　　　　　　(8) 85

（　　　　　　）　　　（　　　　　　）

❸ 次の数の最小公倍数を書きましょう。

1つ3点【36点】

(1) 2、7　　　　　　　　　　　(2) 3、13

（　　　　　　）　　　（　　　　　　）

(3) 5、9　　　　　　　　　　　(4) 8、17

（　　　　　　）　　　（　　　　　　）

(5) 3、18　　　　　　　　　　(6) 6、24

（　　　　　　）　　　（　　　　　　）

(7) 15、24　　　　　　　　　　(8) 20、32

（　　　　　　）　　　（　　　　　　）

(9) 24、36　　　　　　　　　　(10) 42、70

（　　　　　　）　　　（　　　　　　）

(11) 3、12、20　　　　　　　　(12) 8、21、28

（　　　　　　）　　　（　　　　　　）

❹ 駅から北町行きのバスは8分おきに、南町行きのバスは12分おきに、東町行きのバスは36分おきに出ています。午前9時ちょうどに、北町行き、南町行き、東町行きのバスが同時に発車しました。次の問いに答えましょう。

1つ5点【10点】

(1) 午前9時の次に北町行きと南町行きが同時に発車するのは何時何分ですか。

（　　　　　　）

(2) 午前9時の次に3台が同時に発車するのは何時何分ですか。

（　　　　　　）

まとめのテスト❼

目標時間 20分

学習した日　　月　　日　　得点

名前

／100点

1540
解説→182ページ

① 赤いリボンの長さは1.8mです。赤いリボンの長さが白いリボンの長さの何倍かであったとき、白いリボンの長さを求めましょう。

1つ5点【30点】

(1) 1.5倍

(2) 4.5倍

(　　　　　　　）　　　　　（　　　　　　　）

(3) 1.25倍

(4) 2.25倍

(　　　　　　　）　　　　　（　　　　　　　）

(5) 0.2倍

(6) 0.24倍

(　　　　　　　）　　　　　（　　　　　　　）

② 次の数の約数をすべて書きましょう。

1つ4点【16点】

(1) 7
(　　　　　　　　　　　　　　　　　　　　　　　　）

(2) 12
(　　　　　　　　　　　　　　　　　　　　　　　　）

(3) 56
(　　　　　　　　　　　　　　　　　　　　　　　　）

(4) 84
(　　　　　　　　　　　　　　　　　　　　　　　　）

③ 次の数の最大公約数を書きましょう。

1つ4点【48点】

(1) 6、9
(　　　　　　　）

(2) 24、40
(　　　　　　　）

(3) 27、72
(　　　　　　　）

(4) 35、63
(　　　　　　　）

(5) 26、65
(　　　　　　　）

(6) 51、85
(　　　　　　　）

(7) 28、98
(　　　　　　　）

(8) 54、72
(　　　　　　　）

(9) 48、72
(　　　　　　　）

(10) 108、135
(　　　　　　　）

(11) 18、30、36
(　　　　　　　）

(12) 32、48、72
(　　　　　　　）

④ 長方形の紙をなるべく大きな同じ大きさの正方形に切り分けます。次の問いに答えましょう。

1つ3点【6点】

(1) 長方形がたて48cm、横36cmのとき、切り分ける1つの正方形の1辺の長さは何cmですか。

(　　　　　　　）

(2) 長方形がたて52cm、横28cmのとき、切り分ける1つの正方形の1辺の長さは何cmですか。

(　　　　　　　）

\ もう1回チャレンジ!! /

40 まとめのテスト **7**

目標時間 20分

らくらくマルつけ

学習した日　　　月　　　日　　得点

名前

／100点

1540
解説→182ページ

❶ 赤いリボンの長さは1.8mです。赤いリボンの長さが白いリボンの長さの何倍かであったとき、白いリボンの長さを求めましょう。

1つ5点【30点】

(1)　1.5倍

(2)　4.5倍

(　　　　　　　　　)　　　　(　　　　　　　　　)

(3)　1.25倍

(4)　2.25倍

(　　　　　　　　　)　　　　(　　　　　　　　　)

(5)　0.2倍

(6)　0.24倍

(　　　　　　　　　)　　　　(　　　　　　　　　)

❷ 次の数の約数をすべて書きましょう。

1つ4点【16点】

(1)　7

(　　　　　　　　　　　　　　　　　　　　　　)

(2)　12

(　　　　　　　　　　　　　　　　　　　　　　)

(3)　56

(　　　　　　　　　　　　　　　　　　　　　　)

(4)　84

(　　　　　　　　　　　　　　　　　　　　　　)

❸ 次の数の最大公約数を書きましょう。

1つ4点【48点】

(1)　6、9

(2)　24、40

(　　　　　　　　　)　　　　(　　　　　　　　　)

(3)　27、72

(4)　35、63

(　　　　　　　　　)　　　　(　　　　　　　　　)

(5)　26、65

(6)　51、85

(　　　　　　　　　)　　　　(　　　　　　　　　)

(7)　28、98

(8)　54、72

(　　　　　　　　　)　　　　(　　　　　　　　　)

(9)　48、72

(10)　108、135

(　　　　　　　　　)　　　　(　　　　　　　　　)

(11)　18、30、36

(12)　32、48、72

(　　　　　　　　　)　　　　(　　　　　　　　　)

❹ 長方形の紙をなるべく大きな同じ大きさの正方形に切り分けます。次の問いに答えましょう。

1つ3点【6点】

(1)　長方形がたて48cm、横36cmのとき、切り分ける1つの正方形の1辺の長さは何cmですか。

(　　　　　　　　　)

(2)　長方形がたて52cm、横28cmのとき、切り分ける1つの正方形の1辺の長さは何cmですか。

(　　　　　　　　　)

目標時間 20分

学習した日　　　月　　　日

名前

得点 ／100点

1541
解説→182ページ

❶ わり算の商を分数で表しましょう。　　　　　　1つ3点【63点】

(1) 3÷5

(2) 4÷7

(3) 2÷9

( )　　　( )　　　( )

(4) 12÷19

(5) 11÷14

(6) 15÷17

( )　　　( )　　　( )

(7) 21÷23

(8) 8÷29

(9) 15÷22

( )　　　( )　　　( )

(10) 27÷7

(11) 31÷9

(12) 32÷25

( )　　　( )　　　( )

(13) 18÷7

(14) 23÷5

(15) 49÷12

( )　　　( )　　　( )

(16) 73÷19

(17) 51÷13

(18) 25÷9

( )　　　( )　　　( )

(19) 33÷7

(20) 92÷11

(21) 61÷54

( )　　　( )　　　( )

❷ 次の ☐ にあてはまる数を書きましょう。　　　1つ2点【24点】

(1) $\frac{2}{3} = 2 \div \boxed{}$

(2) $\frac{1}{5} = \boxed{} \div 5$

(3) $\frac{5}{6} = 5 \div \boxed{}$

(4) $\frac{10}{3} = 10 \div \boxed{}$

(5) $\frac{13}{4} = \boxed{} \div 4$

(6) $\frac{19}{6} = \boxed{} \div 6$

(7) $\frac{7}{23} = \boxed{} \div 23$

(8) $\frac{15}{29} = \boxed{} \div 29$

(9) $\frac{53}{16} = \boxed{} \div 16$

(10) $\frac{89}{21} = 89 \div \boxed{}$

(11) $\frac{97}{3} = 97 \div \boxed{}$

(12) $\frac{71}{6} = 71 \div \boxed{}$

♻ スパイラルコーナー 2.4kgのブロックがあります。このブロックの重さが、もう1つのブロックの重さの何倍かであったとき、もう1つのブロックの重さを求めましょう。

(1)～(3)3点、(4)4点【13点】

(1) 2倍

(2) 1.5倍

( )　　　( )

(3) 3.2倍

(4) 0.16倍

( )　　　( )

41 分数と小数 ①

目標時間 ⏱ 20分

1541
解説→182ページ

学習した日　　　月　　　日

名前

得点

／100点

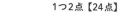

❶ わり算の商を分数で表しましょう。　　1つ3点【63点】

(1) $3 \div 5$

(2) $4 \div 7$

(3) $2 \div 9$

(　　　　)　　(　　　　)　　(　　　　)

(4) $12 \div 19$

(5) $11 \div 14$

(6) $15 \div 17$

(　　　　)　　(　　　　)　　(　　　　)

(7) $21 \div 23$

(8) $8 \div 29$

(9) $15 \div 22$

(　　　　)　　(　　　　)　　(　　　　)

(10) $27 \div 7$

(11) $31 \div 9$

(12) $32 \div 25$

(　　　　)　　(　　　　)　　(　　　　)

(13) $18 \div 7$

(14) $23 \div 5$

(15) $49 \div 12$

(　　　　)　　(　　　　)　　(　　　　)

(16) $73 \div 19$

(17) $51 \div 13$

(18) $25 \div 9$

(　　　　)　　(　　　　)　　(　　　　)

(19) $33 \div 7$

(20) $92 \div 11$

(21) $61 \div 54$

(　　　　)　　(　　　　)　　(　　　　)

❷ 次の □ にあてはまる数を書きましょう。　　1つ2点【24点】

(1) $\dfrac{2}{3} = 2 \div \boxed{}$

(2) $\dfrac{1}{5} = \boxed{} \div 5$

(3) $\dfrac{5}{6} = 5 \div \boxed{}$

(4) $\dfrac{10}{3} = 10 \div \boxed{}$

(5) $\dfrac{13}{4} = \boxed{} \div 4$

(6) $\dfrac{19}{6} = \boxed{} \div 6$

(7) $\dfrac{7}{23} = \boxed{} \div 23$

(8) $\dfrac{15}{29} = \boxed{} \div 29$

(9) $\dfrac{53}{16} = \boxed{} \div 16$

(10) $\dfrac{89}{21} = 89 \div \boxed{}$

(11) $\dfrac{97}{3} = 97 \div \boxed{}$

(12) $\dfrac{71}{6} = 71 \div \boxed{}$

🔄 スパイラルコーナー　2.4kgのブロックがあります。このブロックの重さが、もう1つのブロックの重さの何倍かであったとき、もう1つのブロックの重さを求めましょう。　　(1)～(3)3点、(4)4点【13点】

(1) 2倍

(2) 1.5倍

(　　　　　　)　　(　　　　　　)

(3) 3.2倍

(4) 0.16倍

(　　　　　　)　　(　　　　　　)

❶ すなが入っているふくろがあります。Ａのふくろには5kg、Ｂのふくろには3kg、Ｃのふくろには4kg、Ｄのふくろには7kg、Ｅのふくろには2kg、Ｆのふくろには8kg入っています。次の問いに分数で答えましょう。
1つ8点【32点】

(1) Ａのふくろに入っているすなの重さはＢのふくろに入っているすなの重さの何倍ですか。

（　　　　　　　）

(2) Ａのふくろに入っているすなの重さはＣのふくろに入っているすなの重さの何倍ですか。

（　　　　　　　）

(3) Ｄのふくろに入っているすなの重さはＥのふくろに入っているすなの重さの何倍ですか。

（　　　　　　　）

(4) Ｆのふくろに入っているすなの重さはＡのふくろに入っているすなの重さの何倍ですか。

（　　　　　　　）

❷ 体重41kgのシカ、体重53kgのヤギ、体重79kgのヒツジがいます。次の問いに分数で答えましょう。
1つ8点【32点】

(1) シカの体重はヤギの体重の何倍ですか。

（　　　　　　　）

(2) ヤギの体重はヒツジの体重の何倍ですか。

（　　　　　　　）

(3) ヒツジの体重はシカの体重の何倍ですか。

（　　　　　　　）

(4) ヤギの体重はシカの体重の何倍ですか。

（　　　　　　　）

🔄 **次の数の倍数を、小さい順に３つ書きましょう。**
1つ6点【36点】

スパイラル
コーナー

(1) 7

（　　　　　　　）

(2) 14

（　　　　　　　）

(3) 23

（　　　　　　　）

(4) 29

（　　　　　　　）

(5) 52

（　　　　　　　）

(6) 71

（　　　　　　　）

42 分数と小数 ②

目標時間 ⏱ 20分

学習した日　　　月　　　日　　　得点

名前

／100点

1542
解説→182ページ

❶ すなが入っているふくろがあります。Aのふくろには5kg、Bのふくろには3kg、Cのふくろには4kg、Dのふくろには7kg、Eのふくろには2kg、Fのふくろには8kg入っています。次の問いに分数で答えましょう。　　　1つ8点【32点】

(1) Aのふくろに入っているすなの重さはBのふくろに入っているすなの重さの何倍ですか。

（　　　　　）

(2) Aのふくろに入っているすなの重さはCのふくろに入っているすなの重さの何倍ですか。

（　　　　　）

(3) Dのふくろに入っているすなの重さはEのふくろに入っているすなの重さの何倍ですか。

（　　　　　）

(4) Fのふくろに入っているすなの重さはAのふくろに入っているすなの重さの何倍ですか。

（　　　　　）

❷ 体重41kgのシカ、体重53kgのヤギ、体重79kgのヒツジがいます。次の問いに分数で答えましょう。　　　1つ8点【32点】

(1) シカの体重はヤギの体重の何倍ですか。

（　　　　　）

(2) ヤギの体重はヒツジの体重の何倍ですか。

（　　　　　）

(3) ヒツジの体重はシカの体重の何倍ですか。

（　　　　　）

(4) ヤギの体重はシカの体重の何倍ですか。

（　　　　　）

🔄 次の数の倍数を、小さい順に3つ書きましょう。　　　1つ6点【36点】

スパイラルコーナー

(1) 7

（　　　　　）

(2) 14

（　　　　　）

(3) 23

（　　　　　）

(4) 29

（　　　　　）

(5) 52

（　　　　　）

(6) 71

（　　　　　）

目標時間
⏱ 20分

🖉 学習した日　　　月　　　日　　　得点

名前

／100点

1543
解説→183ページ

❶ 次の分数を整数や小数で表しましょう。

1つ2点【42点】

(1) $\dfrac{1}{2}$

（　　　　）

(2) $\dfrac{1}{5}$

（　　　　）

(3) $\dfrac{3}{5}$

（　　　　）

(4) $\dfrac{4}{5}$

（　　　　）

(5) $\dfrac{3}{2}$

（　　　　）

(6) $\dfrac{9}{2}$

（　　　　）

(7) $\dfrac{5}{4}$

（　　　　）

(8) $\dfrac{9}{4}$

（　　　　）

(9) $\dfrac{13}{4}$

（　　　　）

(10) $\dfrac{24}{3}$

（　　　　）

(11) $\dfrac{49}{7}$

（　　　　）

(12) $\dfrac{30}{5}$

（　　　　）

(13) $\dfrac{78}{6}$

（　　　　）

(14) $\dfrac{96}{8}$

（　　　　）

(15) $\dfrac{75}{3}$

（　　　　）

(16) $6\dfrac{3}{5}$

（　　　　）

(17) $1\dfrac{1}{4}$

（　　　　）

(18) $2\dfrac{3}{8}$

（　　　　）

(19) $4\dfrac{9}{10}$

（　　　　）

(20) $7\dfrac{3}{4}$

（　　　　）

(21) $5\dfrac{4}{5}$

（　　　　）

❷ 次の [　　] にあてはまる不等号を書きましょう。

1つ3点【30点】

(1) 0.5 [　　] $\dfrac{3}{4}$

(2) $\dfrac{1}{8}$ [　　] 0.2

(3) 1.6 [　　] $\dfrac{9}{5}$

(4) 2.2 [　　] $\dfrac{12}{5}$

(5) $2\dfrac{1}{8}$ [　　] 2.1

(6) $2\dfrac{4}{5}$ [　　] 2.7

(7) $2\dfrac{1}{5}$ [　　] 2.1

(8) $3\dfrac{1}{3}$ [　　] 3.3

(9) $\dfrac{5}{9}$ [　　] 0.6

(10) 1.2 [　　] $\dfrac{15}{13}$

 次の数の最小公倍数を書きましょう。

(1)～(6)3点、(7)(8)5点【28点】

スパイラル
コーナー

(1) 2、7

（　　　　）

(2) 4、9

（　　　　）

(3) 9、27

（　　　　）

(4) 6、48

（　　　　）

(5) 22、55

（　　　　）

(6) 42、56

（　　　　）

(7) 6、8、9

（　　　　）

(8) 14、18、42

（　　　　）

43 分数と小数 ③

目標時間 ⏱ 20分

学習した日　　　月　　　日

名前

得点

／100点

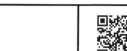
1543
解説→183ページ

❶ 次の分数を整数や小数で表しましょう。　　　　1つ2点【42点】

(1) $\frac{1}{2}$

(　　　　　)

(2) $\frac{1}{5}$

(　　　　　)

(3) $\frac{3}{5}$

(　　　　　)

(4) $\frac{4}{5}$

(　　　　　)

(5) $\frac{3}{2}$

(　　　　　)

(6) $\frac{9}{2}$

(　　　　　)

(7) $\frac{5}{4}$

(　　　　　)

(8) $\frac{9}{4}$

(　　　　　)

(9) $\frac{13}{4}$

(　　　　　)

(10) $\frac{24}{3}$

(　　　　　)

(11) $\frac{49}{7}$

(　　　　　)

(12) $\frac{30}{5}$

(　　　　　)

(13) $\frac{78}{6}$

(　　　　　)

(14) $\frac{96}{8}$

(　　　　　)

(15) $\frac{75}{3}$

(　　　　　)

(16) $6\frac{3}{5}$

(　　　　　)

(17) $1\frac{1}{4}$

(　　　　　)

(18) $2\frac{3}{8}$

(　　　　　)

(19) $4\frac{9}{10}$

(　　　　　)

(20) $7\frac{3}{4}$

(　　　　　)

(21) $5\frac{4}{5}$

(　　　　　)

 次の □ にあてはまる不等号を書きましょう。　　　　1つ3点【30点】

(1) 0.5 □ $\frac{3}{4}$

(2) $\frac{1}{8}$ □ 0.2

(3) 1.6 □ $\frac{9}{5}$

(4) 2.2 □ $\frac{12}{5}$

(5) $2\frac{1}{8}$ □ 2.1

(6) $2\frac{4}{5}$ □ 2.7

(7) $2\frac{1}{5}$ □ 2.1

(8) $3\frac{1}{3}$ □ 3.3

(9) $\frac{5}{9}$ □ 0.6

(10) 1.2 □ $\frac{15}{13}$

🔄 次の数の最小公倍数を書きましょう。　　　(1)〜(6)3点、(7)(8)5点【28点】

スパイラルコーナー

(1) 2、7

(　　　　　)

(2) 4、9

(　　　　　)

(3) 9、27

(　　　　　)

(4) 6、48

(　　　　　)

(5) 22、55

(　　　　　)

(6) 42、56

(　　　　　)

(7) 6、8、9

(　　　　　)

(8) 14、18、42

(　　　　　)

目標時間 ⏱ 20分

学習した日　　　月　　　日　　得点

名前

／100点

❶ 次の小数を、分数で表しましょう。　　　　　1つ3点【63点】

(1) 0.7

(　　　　　)

(2) 0.9

(　　　　　)

(3) 0.07

(　　　　　)

(4) 0.03

(　　　　　)

(5) 0.09

(　　　　　)

(6) 0.13

(　　　　　)

(7) 0.17

(　　　　　)

(8) 0.29

(　　　　　)

(9) 0.73

(　　　　　)

(10) 1.3

(　　　　　)

(11) 4.9

(　　　　　)

(12) 8.9

(　　　　　)

(13) 2.11

(　　　　　)

(14) 5.23

(　　　　　)

(15) 9.31

(　　　　　)

(16) 4.73

(　　　　　)

(17) 8.27

(　　　　　)

(18) 6.31

(　　　　　)

(19) 8.03

(　　　　　)

(20) 6.01

(　　　　　)

(21) 7.09

(　　　　　)

❷ 次の整数を、分数で表しましょう。　　　　　1つ2点【24点】

(1) 2

(　　　　　)

(2) 6

(　　　　　)

(3) 7

(　　　　　)

(4) 12

(　　　　　)

(5) 23

(　　　　　)

(6) 59

(　　　　　)

(7) 78

(　　　　　)

(8) 67

(　　　　　)

(9) 89

(　　　　　)

(10) 102

(　　　　　)

(11) 293

(　　　　　)

(12) 594

(　　　　　)

🔄 次の数の約数をすべて書きましょう。　　(1)〜(3)1つ3点、(4)4点【13点】

スパイラル コーナー

(1) 12

(　　　　　　　　　　　)

(2) 36

(　　　　　　　　　　　)

(3) 55

(　　　　　　　　　　　)

(4) 69

(　　　　　　　　　　　)

44 分数と小数 ④

 目標時間 **20分**

学習した日　　　月　　　日　　得点

名前

／100点

1544
解説→183ページ

---

❶ 次の小数を、分数で表しましょう。 1つ3点【63点】

(1) 0.7

(　　　　　）

(2) 0.9

(　　　　　）

(3) 0.07

(　　　　　）

(4) 0.03

(　　　　　）

(5) 0.09

(　　　　　）

(6) 0.13

(　　　　　）

(7) 0.17

(　　　　　）

(8) 0.29

(　　　　　）

(9) 0.73

(　　　　　）

(10) 1.3

(　　　　　）

(11) 4.9

(　　　　　）

(12) 8.9

(　　　　　）

(13) 2.11

(　　　　　）

(14) 5.23

(　　　　　）

(15) 9.31

(　　　　　）

(16) 4.73

(　　　　　）

(17) 8.27

(　　　　　）

(18) 6.31

(　　　　　）

(19) 8.03

(　　　　　）

(20) 6.01

(　　　　　）

(21) 7.09

(　　　　　）

---

❷ 次の整数を、分数で表しましょう。 1つ2点【24点】

(1) 2

(　　　　　）

(2) 6

(　　　　　）

(3) 7

(　　　　　）

(4) 12

(　　　　　）

(5) 23

(　　　　　）

(6) 59

(　　　　　）

(7) 78

(　　　　　）

(8) 67

(　　　　　）

(9) 89

(　　　　　）

(10) 102

(　　　　　）

(11) 293

(　　　　　）

(12) 594

(　　　　　）

 次の数の約数をすべて書きましょう。 (1)～(3)1つ3点、(4)4点【13点】

スパイラルコーナー

(1) 12

(　　　　　　　　　　　　　　）

(2) 36

(　　　　　　　　　　　　　　）

(3) 55

(　　　　　　　　　　　　　　）

(4) 69

(　　　　　　　　　　　　　　）

45 パズル ②

目標時間 20分

学習した日　　月　　日

名前

得点　／100点

1545
解説→184ページ

---

1 次の暗号をとくと、質問の答えがわかります。

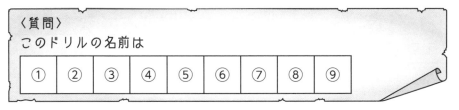

〈質問〉

このドリルの名前は

| ① | ② | ③ | ④ | ⑤ | ⑥ | ⑦ | ⑧ | ⑨ |

①〜⑨に入る文字は、下の①〜⑨の計算をして、右の表で、それぞれの問題の答えと同じになるところの文字です。

次の計算をして、質問に答えましょう。

(1つ10点)

① 54.6×100＝

② 28×0.17＝

③ 126×0.6＝

④ 4.2×1.3＝

⑤ 2.1×3.6＝

⑥ 238÷0.5＝

⑦ 1938÷5.7＝

⑧ 13.6÷0.4＝

⑨ 7.82÷2.3＝

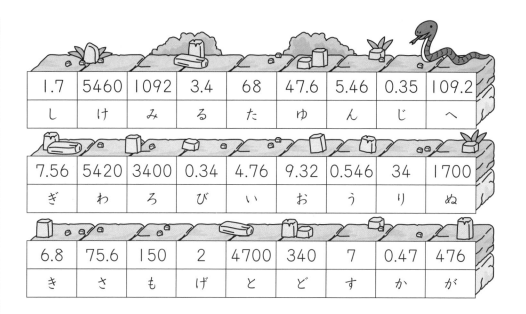

1.7	5460	1092	3.4	68	47.6	5.46	0.35	109.2
し	け	み	る	た	ゆ	ん	じ	へ

7.56	5420	3400	0.34	4.76	9.32	0.546	34	1700
ぎ	わ	ろ	び	い	お	う	り	ぬ

6.8	75.6	150	2	4700	340	7	0.47	476
き	さ	も	げ	と	ど	す	か	が

〈質問〉

このドリルの名前は

①	②	③	④	⑤	⑥	⑦	⑧	⑨

45 パズル ②

目標時間 ⏱ 20分

1545
解説→184ページ

学習した日　　　月　　　日　　得点　　／100点

名前

らくらくマルつけ

❶ 次の暗号をとくと、質問の答えがわかります。

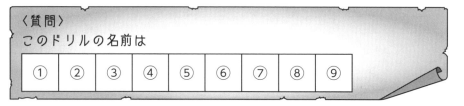

〈質問〉
このドリルの名前は

①	②	③	④	⑤	⑥	⑦	⑧	⑨

①〜⑨に入る文字は、下の①〜⑨の計算をして、右の表で、それぞれの問題の答えと同じになるところの文字です。

次の計算をして、質問に答えましょう。

(1つ10点)

① 54.6×100＝

② 28×0.17＝

③ 126×0.6＝

④ 4.2×1.3＝

⑤ 2.1×3.6＝

⑥ 238÷0.5＝

⑦ 1938÷5.7＝

⑧ 13.6÷0.4＝

⑨ 7.82÷2.3＝

1.7	5460	1092	3.4	68	47.6	5.46	0.35	109.2
し	け	み	る	た	ゆ	ん	じ	へ

7.56	5420	3400	0.34	4.76	9.32	0.546	34	1700
ぎ	わ	ろ	び	い	お	う	り	ぬ

6.8	75.6	150	2	4700	340	7	0.47	476
き	さ	も	げ	と	ど	す	か	が

〈質問〉

このドリルの名前は

①	②	③	④	⑤	⑥	⑦	⑧	⑨

目標時間
⏱ **20**分

✎ 学習した日　　　月　　　日　　得点

名前

／100点

1546
解説→184ページ

① 次の分数に等しい分数を２つずつ書きましょう。

1つ3点【45点】

(1) $\dfrac{2}{3}$　　(2) $\dfrac{3}{7}$　　(3) $\dfrac{7}{9}$

(　　　)　(　　　)　(　　　)

(4) $\dfrac{3}{11}$　　(5) $\dfrac{5}{13}$　　(6) $\dfrac{2}{19}$

(　　　)　(　　　)　(　　　)

(7) $\dfrac{3}{12}$　　(8) $\dfrac{8}{16}$　　(9) $\dfrac{8}{24}$

(　　　)　(　　　)　(　　　)

(10) $\dfrac{14}{28}$　　(11) $\dfrac{21}{63}$　　(12) $\dfrac{21}{84}$

(　　　)　(　　　)　(　　　)

(13) $\dfrac{64}{72}$　　(14) $\dfrac{32}{48}$　　(15) $\dfrac{2}{38}$

(　　　)　(　　　)　(　　　)

② 次の □ にあてはまる数を書きましょう。

1つ3点【45点】

(1) $\dfrac{2}{5} = \dfrac{10}{\boxed{}}$　　(2) $\dfrac{4}{7} = \dfrac{\boxed{}}{42}$　　(3) $\dfrac{5}{9} = \dfrac{100}{\boxed{}}$

(4) $\dfrac{4}{13} = \dfrac{20}{\boxed{}}$　　(5) $\dfrac{9}{17} = \dfrac{\boxed{}}{34}$　　(6) $\dfrac{3}{23} = \dfrac{15}{\boxed{}}$

(7) $\dfrac{6}{24} = \dfrac{3}{\boxed{}}$　　(8) $\dfrac{9}{36} = \dfrac{\boxed{}}{12}$　　(9) $\dfrac{8}{72} = \dfrac{2}{\boxed{}}$

(10) $\dfrac{16}{36} = \dfrac{32}{\boxed{}}$　　(11) $\dfrac{18}{48} = \dfrac{\boxed{}}{16}$　　(12) $\dfrac{20}{35} = \dfrac{4}{\boxed{}}$

(13) $\dfrac{49}{42} = \dfrac{7}{\boxed{}}$　　(14) $\dfrac{45}{18} = \dfrac{15}{\boxed{}}$　　(15) $\dfrac{24}{54} = \dfrac{8}{\boxed{}}$

 次の数の最大公約数を書きましょう。

(1)(2)1点、(3)〜(6)2点【10点】

スパイラル
コーナー

(1) 7、21　　　　　　(2) 9、81

(　　　)　　　　　　(　　　)

(3) 12、18　　　　　(4) 21、49

(　　　)　　　　　　(　　　)

(5) 12、20、24　　　(6) 28、35、56

(　　　)　　　　　　(　　　)

46 約分と通分 ①

目標時間 ⏱ 20分

学習した日　　　月　　　日

名前

得点　　／100点

1546
解説→184ページ

❶ 次の分数に等しい分数を2つずつ書きましょう。

1つ3点【45点】

(1) $\frac{2}{3}$　　　(2) $\frac{3}{7}$　　　(3) $\frac{7}{9}$

（　　　　）（　　　　）（　　　　）

(4) $\frac{3}{11}$　　　(5) $\frac{5}{13}$　　　(6) $\frac{2}{19}$

（　　　　）（　　　　）（　　　　）

(7) $\frac{3}{12}$　　　(8) $\frac{8}{16}$　　　(9) $\frac{8}{24}$

（　　　　）（　　　　）（　　　　）

(10) $\frac{14}{28}$　　　(11) $\frac{21}{63}$　　　(12) $\frac{21}{84}$

（　　　　）（　　　　）（　　　　）

(13) $\frac{64}{72}$　　　(14) $\frac{32}{48}$　　　(15) $\frac{2}{38}$

（　　　　）（　　　　）（　　　　）

❷ 次の □ にあてはまる数を書きましょう。

1つ3点【45点】

(1) $\frac{2}{5} = \frac{10}{□}$　　(2) $\frac{4}{7} = \frac{□}{42}$　　(3) $\frac{5}{9} = \frac{100}{□}$

(4) $\frac{4}{13} = \frac{20}{□}$　　(5) $\frac{9}{17} = \frac{□}{34}$　　(6) $\frac{3}{23} = \frac{15}{□}$

(7) $\frac{6}{24} = \frac{3}{□}$　　(8) $\frac{9}{36} = \frac{□}{12}$　　(9) $\frac{8}{72} = \frac{2}{□}$

(10) $\frac{16}{36} = \frac{32}{□}$　　(11) $\frac{18}{48} = \frac{□}{16}$　　(12) $\frac{20}{35} = \frac{4}{□}$

(13) $\frac{49}{42} = \frac{7}{□}$　　(14) $\frac{45}{18} = \frac{15}{□}$　　(15) $\frac{24}{54} = \frac{8}{□}$

スパイラルコーナー　次の数の最大公約数を書きましょう。

(1)(2)1点、(3)～(6)2点【10点】

(1) 7、21　　　　　(2) 9、81

（　　　　）　　　　　　（　　　　）

(3) 12、18　　　　　(4) 21、49

（　　　　）　　　　　　（　　　　）

(5) 12、20、24　　　(6) 28、35、56

（　　　　）　　　　　　（　　　　）

目標時間 ⏱ **20**分

学習した日　　　月　　　日　　　得点

名前

／100点

1547
解説→184ページ

① 次の分数を約分しましょう。

1つ3点【45点】

(1) $\dfrac{3}{9}$

(2) $\dfrac{7}{35}$

(3) $\dfrac{3}{24}$

(　　　　)　(　　　　)　(　　　　)

(4) $\dfrac{12}{60}$

(5) $\dfrac{9}{27}$

(6) $\dfrac{9}{72}$

(　　　　)　(　　　　)　(　　　　)

(7) $\dfrac{12}{30}$

(8) $\dfrac{45}{81}$

(9) $\dfrac{40}{100}$

(　　　　)　(　　　　)　(　　　　)

(10) $\dfrac{35}{63}$

(11) $\dfrac{9}{24}$

(12) $\dfrac{32}{72}$

(　　　　)　(　　　　)　(　　　　)

(13) $\dfrac{40}{48}$

(14) $\dfrac{14}{63}$

(15) $\dfrac{21}{56}$

(　　　　)　(　　　　)　(　　　　)

② 次の分数を約分しましょう。

1つ4点【36点】

(1) $\dfrac{20}{80}$

(2) $\dfrac{60}{90}$

(3) $\dfrac{40}{120}$

(　　　　)　(　　　　)　(　　　　)

(4) $\dfrac{70}{210}$

(5) $\dfrac{240}{280}$

(6) $\dfrac{30}{240}$

(　　　　)　(　　　　)　(　　　　)

(7) $\dfrac{400}{600}$

(8) $\dfrac{320}{480}$

(9) $\dfrac{70}{560}$

(　　　　)　(　　　　)　(　　　　)

 わり算の商を分数で表しましょう。

(1)～(5)1つ3点、(6)4点【19点】

スパイラル
コーナー

(1) $2 \div 9$

(2) $4 \div 5$

(3) $3 \div 7$

(　　　　)　(　　　　)　(　　　　)

(4) $11 \div 25$

(5) $23 \div 64$

(6) $18 \div 41$

(　　　　)　(　　　　)　(　　　　)

47 約分と通分 ②

目標時間 20分

学習した日　　　月　　　日

名前

得点　　／100点

1547
解説→184ページ

❶ 次の分数を約分しましょう。　　　　　　　　　1つ3点【45点】

(1) $\dfrac{3}{9}$　　　　(2) $\dfrac{7}{35}$　　　　(3) $\dfrac{3}{24}$

(　　　　)　　　(　　　　)　　　(　　　　)

(4) $\dfrac{12}{60}$　　　　(5) $\dfrac{9}{27}$　　　　(6) $\dfrac{9}{72}$

(　　　　)　　　(　　　　)　　　(　　　　)

(7) $\dfrac{12}{30}$　　　　(8) $\dfrac{45}{81}$　　　　(9) $\dfrac{40}{100}$

(　　　　)　　　(　　　　)　　　(　　　　)

(10) $\dfrac{35}{63}$　　　　(11) $\dfrac{9}{24}$　　　　(12) $\dfrac{32}{72}$

(　　　　)　　　(　　　　)　　　(　　　　)

(13) $\dfrac{40}{48}$　　　　(14) $\dfrac{14}{63}$　　　　(15) $\dfrac{21}{56}$

(　　　　)　　　(　　　　)　　　(　　　　)

❷ 次の分数を約分しましょう。　　　　　　　　　1つ4点【36点】

(1) $\dfrac{20}{80}$　　　　(2) $\dfrac{60}{90}$　　　　(3) $\dfrac{40}{120}$

(　　　　)　　　(　　　　)　　　(　　　　)

(4) $\dfrac{70}{210}$　　　　(5) $\dfrac{240}{280}$　　　　(6) $\dfrac{30}{240}$

(　　　　)　　　(　　　　)　　　(　　　　)

(7) $\dfrac{400}{600}$　　　　(8) $\dfrac{320}{480}$　　　　(9) $\dfrac{70}{560}$

(　　　　)　　　(　　　　)　　　(　　　　)

スパイラルコーナー　わり算の商を分数で表しましょう。　　　(1)～(5)1つ3点、(6)4点【19点】

(1) $2 \div 9$　　　　(2) $4 \div 5$　　　　(3) $3 \div 7$

(　　　　)　　　(　　　　)　　　(　　　　)

(4) $11 \div 25$　　　　(5) $23 \div 64$　　　　(6) $18 \div 41$

(　　　　)　　　(　　　　)　　　(　　　　)

48 約分と通分 ③

目標時間 ⏱ 20分

学習した日　　　月　　　日　　　得点

名前

／100点

1548
解説→185ページ

---

1 次の分数を通分して大きさを比べ、次の□□□に不等号を書きましょう。

1つ3点【60点】

(1) $\dfrac{1}{3}$ □ $\dfrac{5}{12}$

(2) $\dfrac{3}{4}$ □ $\dfrac{11}{16}$

(3) $\dfrac{3}{8}$ □ $\dfrac{1}{4}$

(4) $\dfrac{13}{12}$ □ $\dfrac{5}{4}$

(5) $\dfrac{43}{24}$ □ $\dfrac{11}{6}$

(6) $\dfrac{31}{42}$ □ $\dfrac{11}{14}$

(7) $\dfrac{5}{6}$ □ $\dfrac{7}{9}$

(8) $\dfrac{7}{20}$ □ $\dfrac{5}{16}$

(9) $\dfrac{11}{18}$ □ $\dfrac{17}{24}$

(10) $\dfrac{7}{12}$ □ $\dfrac{8}{15}$

(11) $\dfrac{5}{28}$ □ $\dfrac{7}{36}$

(12) $\dfrac{12}{35}$ □ $\dfrac{7}{20}$

(13) $\dfrac{3}{20}$ □ $\dfrac{7}{45}$

(14) $\dfrac{15}{32}$ □ $\dfrac{13}{28}$

(15) $\dfrac{11}{30}$ □ $\dfrac{17}{48}$

(16) $\dfrac{9}{28}$ □ $\dfrac{12}{49}$

(17) $\dfrac{19}{56}$ □ $\dfrac{7}{24}$

(18) $\dfrac{13}{54}$ □ $\dfrac{7}{36}$

(19) $\dfrac{7}{18}$ □ $\dfrac{16}{45}$

(20) $\dfrac{20}{81}$ □ $\dfrac{13}{54}$

---

2 次の分数を通分しましょう。

1つ5点【30点】

(1) $\dfrac{1}{2}$、$\dfrac{2}{3}$、$\dfrac{5}{6}$

(　　　　　)

(2) $\dfrac{1}{2}$、$\dfrac{3}{4}$、$\dfrac{7}{8}$

(　　　　　)

(3) $\dfrac{5}{6}$、$\dfrac{7}{12}$、$\dfrac{2}{5}$

(　　　　　)

(4) $\dfrac{3}{4}$、$\dfrac{7}{12}$、$\dfrac{6}{7}$

(　　　　　)

(5) $\dfrac{1}{6}$、$\dfrac{7}{8}$、$\dfrac{9}{10}$

(　　　　　)

(6) $\dfrac{3}{4}$、$\dfrac{9}{14}$、$\dfrac{2}{5}$

(　　　　　)

🔄 スパイラルコーナー

赤いテープの長さは4m、白いテープの長さは9m、青いテープの長さは11mです。次の問いに分数で答えましょう。 1つ5点【10点】

(1) 赤いテープの長さは白いテープの長さの何倍ですか。

(　　　　　)

(2) 赤いテープの長さは青いテープの長さの何倍ですか。

(　　　　　)

48 約分と通分 ③

目標時間 ⏱ 20分

学習した日　　月　　日

名前

得点　／100点

1548
解説→185ページ

❶ 次の分数を通分して大きさを比べ、次の□に不等号を書きましょう。

1つ3点【60点】

(1) $\frac{1}{3}$ □ $\frac{5}{12}$

(2) $\frac{3}{4}$ □ $\frac{11}{16}$

(3) $\frac{3}{8}$ □ $\frac{1}{4}$

(4) $\frac{13}{12}$ □ $\frac{5}{4}$

(5) $\frac{43}{24}$ □ $\frac{11}{6}$

(6) $\frac{31}{42}$ □ $\frac{11}{14}$

(7) $\frac{5}{6}$ □ $\frac{7}{9}$

(8) $\frac{7}{20}$ □ $\frac{5}{16}$

(9) $\frac{11}{18}$ □ $\frac{17}{24}$

(10) $\frac{7}{12}$ □ $\frac{8}{15}$

(11) $\frac{5}{28}$ □ $\frac{7}{36}$

(12) $\frac{12}{35}$ □ $\frac{7}{20}$

(13) $\frac{3}{20}$ □ $\frac{7}{45}$

(14) $\frac{15}{32}$ □ $\frac{13}{28}$

(15) $\frac{11}{30}$ □ $\frac{17}{48}$

(16) $\frac{9}{28}$ □ $\frac{12}{49}$

(17) $\frac{19}{56}$ □ $\frac{7}{24}$

(18) $\frac{13}{54}$ □ $\frac{7}{36}$

(19) $\frac{7}{18}$ □ $\frac{16}{45}$

(20) $\frac{20}{81}$ □ $\frac{13}{54}$

❷ 次の分数を通分しましょう。

1つ5点【30点】

(1) $\frac{1}{2}$、$\frac{2}{3}$、$\frac{5}{6}$

(　　　　　　)

(2) $\frac{1}{2}$、$\frac{3}{4}$、$\frac{7}{8}$

(　　　　　　)

(3) $\frac{5}{6}$、$\frac{7}{12}$、$\frac{2}{5}$

(　　　　　　)

(4) $\frac{3}{4}$、$\frac{7}{12}$、$\frac{6}{7}$

(　　　　　　)

(5) $\frac{1}{6}$、$\frac{7}{8}$、$\frac{9}{10}$

(　　　　　　)

(6) $\frac{3}{4}$、$\frac{9}{14}$、$\frac{2}{5}$

(　　　　　　)

🔄 スパイラルコーナー　赤いテープの長さは4m、白いテープの長さは9m、青いテープの長さは11mです。次の問いに分数で答えましょう。　1つ5点【10点】

(1) 赤いテープの長さは白いテープの長さの何倍ですか。

(　　　　　　)

(2) 赤いテープの長さは青いテープの長さの何倍ですか。

(　　　　　　)

49 分数のたし算 ①

目標時間 ⏱ **20**分

✎ 学習した日　　　月　　　日　　得点

名前

／100点

1549
解説→185ページ

❶ 次の ☐ にあてはまる数を書きましょう。　1つ4点【8点】

(1) $\dfrac{1}{2} + \dfrac{1}{4} = \dfrac{\boxed{}}{4} + \dfrac{1}{4} = \boxed{}$

(2) $\dfrac{1}{2} + \dfrac{1}{3} = \dfrac{\boxed{}}{6} + \dfrac{\boxed{}}{6} = \boxed{}$

❷ 次の計算をしましょう。　1つ6点【42点】

(1) $\dfrac{3}{8} + \dfrac{2}{9} =$

(2) $\dfrac{1}{5} + \dfrac{1}{4} =$

(3) $\dfrac{2}{5} + \dfrac{3}{8} =$

(4) $\dfrac{1}{6} + \dfrac{3}{5} =$

(5) $\dfrac{1}{4} + \dfrac{2}{3} =$

(6) $\dfrac{3}{7} + \dfrac{1}{6} =$

(7) $\dfrac{1}{3} + \dfrac{3}{8} =$

❸ 次の計算をしましょう。　1つ6点【42点】

(1) $\dfrac{2}{9} + \dfrac{5}{12} =$

(2) $\dfrac{1}{2} + \dfrac{3}{8} =$

(3) $\dfrac{1}{5} + \dfrac{4}{15} =$

(4) $\dfrac{3}{20} + \dfrac{3}{10} =$

(5) $\dfrac{2}{5} + \dfrac{7}{20} =$

(6) $\dfrac{1}{10} + \dfrac{1}{6} =$

(7) $\dfrac{1}{10} + \dfrac{1}{15} =$

 次の数の倍数を、小さい順に3つ書きましょう。　1つ2点【8点】

スパイラル
コーナー

(1) 71　　　　　　　　　(2) 93

（　　　　　　　）（　　　　　　　）

(3) 127　　　　　　　　(4) 512

（　　　　　　　）（　　　　　　　）

49 分数のたし算 ①

学習した日　　　月　　　日　　　得点

名前

／100点

1549
解説→185ページ

❶ 次の ☐ にあてはまる数を書きましょう。

1つ4点【8点】

(1) $\dfrac{1}{2} + \dfrac{1}{4} = \dfrac{\boxed{}}{4} + \dfrac{1}{4} = \boxed{}$

(2) $\dfrac{1}{2} + \dfrac{1}{3} = \dfrac{\boxed{}}{6} + \dfrac{\boxed{}}{6} = \boxed{}$

❷ 次の計算をしましょう。

1つ6点【42点】

(1) $\dfrac{3}{8} + \dfrac{2}{9} =$

(2) $\dfrac{1}{5} + \dfrac{1}{4} =$

(3) $\dfrac{2}{5} + \dfrac{3}{8} =$

(4) $\dfrac{1}{6} + \dfrac{3}{5} =$

(5) $\dfrac{1}{4} + \dfrac{2}{3} =$

(6) $\dfrac{3}{7} + \dfrac{1}{6} =$

(7) $\dfrac{1}{3} + \dfrac{3}{8} =$

❸ 次の計算をしましょう。

1つ6点【42点】

(1) $\dfrac{2}{9} + \dfrac{5}{12} =$

(2) $\dfrac{1}{2} + \dfrac{3}{8} =$

(3) $\dfrac{1}{5} + \dfrac{4}{15} =$

(4) $\dfrac{3}{20} + \dfrac{3}{10} =$

(5) $\dfrac{2}{5} + \dfrac{7}{20} =$

(6) $\dfrac{1}{10} + \dfrac{1}{6} =$

(7) $\dfrac{1}{10} + \dfrac{1}{15} =$

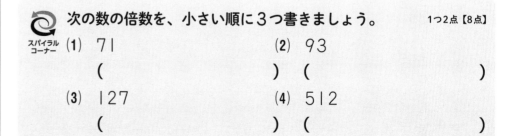

次の数の倍数を、小さい順に3つ書きましょう。

1つ2点【8点】

スパイラルコーナー

(1) 71

(　　　　　　)

(2) 93

(　　　　　　)

(3) 127

(　　　　　　)

(4) 512

(　　　　　　)

1 次の計算をしましょう。　　　　　　　　　　1つ6点【54点】

(1) $\dfrac{4}{3}+\dfrac{2}{7}=$

(2) $\dfrac{9}{7}+\dfrac{3}{4}=$

(3) $\dfrac{5}{3}+\dfrac{4}{5}=$

(4) $\dfrac{9}{8}+\dfrac{3}{7}=$

(5) $\dfrac{6}{5}+\dfrac{8}{9}=$

(6) $\dfrac{10}{9}+\dfrac{4}{7}=$

(7) $\dfrac{3}{2}+\dfrac{3}{7}=$

(8) $\dfrac{7}{4}+\dfrac{2}{3}=$

(9) $\dfrac{11}{8}+\dfrac{4}{9}=$

2 次の計算をしましょう。　　　　　　　　　　1つ6点【42点】

(1) $\dfrac{16}{15}+\dfrac{3}{20}=$

(2) $\dfrac{9}{8}+\dfrac{1}{4}=$

(3) $\dfrac{11}{8}+\dfrac{3}{16}=$

(4) $\dfrac{5}{4}+\dfrac{1}{2}=$

(5) $\dfrac{9}{8}+\dfrac{5}{24}=$

(6) $\dfrac{13}{10}+\dfrac{5}{4}=$

(7) $\dfrac{5}{3}+\dfrac{23}{18}=$

 次の数の最小公倍数を書きましょう。　　　1つ1点【4点】

スパイラル
コーナー

(1) 4、6　　　　　　　　　　(2) 10、15
　　　（　　　　　　　）　　　　　（　　　　　　　）

(3) 12、18、24　　　　　　(4) 16、24、36
　　　（　　　　　　　）　　　　　（　　　　　　　）

50 分数のたし算 ②

目標時間 ⏱ 20分

学習した日　　　月　　　日　　　得点

名前

／100点

1550
解説→186ページ

---

❶ 次の計算をしましょう。

1つ6点【54点】

(1) $\dfrac{4}{3} + \dfrac{2}{7} =$

(2) $\dfrac{9}{7} + \dfrac{3}{4} =$

(3) $\dfrac{5}{3} + \dfrac{4}{5} =$

(4) $\dfrac{9}{8} + \dfrac{3}{7} =$

(5) $\dfrac{6}{5} + \dfrac{8}{9} =$

(6) $\dfrac{10}{9} + \dfrac{4}{7} =$

(7) $\dfrac{3}{2} + \dfrac{3}{7} =$

(8) $\dfrac{7}{4} + \dfrac{2}{3} =$

(9) $\dfrac{11}{8} + \dfrac{4}{9} =$

---

❷ 次の計算をしましょう。

1つ6点【42点】

(1) $\dfrac{16}{15} + \dfrac{3}{20} =$

(2) $\dfrac{9}{8} + \dfrac{1}{4} =$

(3) $\dfrac{11}{8} + \dfrac{3}{16} =$

(4) $\dfrac{5}{4} + \dfrac{1}{2} =$

(5) $\dfrac{9}{8} + \dfrac{5}{24} =$

(6) $\dfrac{13}{10} + \dfrac{5}{4} =$

(7) $\dfrac{5}{3} + \dfrac{23}{18} =$

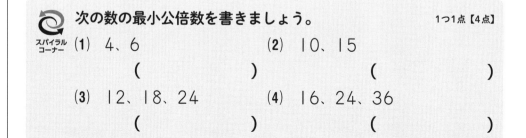

次の数の最小公倍数を書きましょう。

1つ1点【4点】

スパイラルコーナー

(1) 4、6　　　　　　　　(2) 10、15

（　　　　　）　　　　　　（　　　　　）

(3) 12、18、24　　　　(4) 16、24、36

（　　　　　）　　　　　　（　　　　　）

51 分数のたし算 ③

❶ 次の □ にあてはまる数を書きましょう。　1つ6点【12点】

(1) $1\frac{2}{3} + \frac{5}{6} = 1 + \frac{\boxed{}}{6} + \frac{5}{6} = 1\frac{9}{6} = 1\frac{3}{2} = \boxed{}$

(2) $1\frac{2}{3} + \frac{5}{6} = \frac{\boxed{}}{3} + \frac{5}{6} = \frac{\boxed{}}{6} + \frac{5}{6} = \boxed{} = \boxed{}$

❷ 次の計算をしましょう。　1つ6点【42点】

(1) $1\frac{1}{4} + \frac{2}{9} =$

(2) $1\frac{2}{9} + \frac{1}{2} =$

(3) $\frac{1}{2} + 2\frac{2}{5} =$

(4) $\frac{2}{7} + 1\frac{1}{6} =$

(5) $1\frac{3}{4} + \frac{5}{9} =$

(6) $2\frac{5}{8} + \frac{2}{3} =$

(7) $\frac{3}{4} + 1\frac{2}{5} =$

❸ 次の計算をしましょう。　1つ6点【42点】

(1) $1\frac{4}{15} + \frac{1}{20} =$

(2) $3\frac{3}{8} + \frac{1}{4} =$

(3) $\frac{3}{8} + 1\frac{1}{16} =$

(4) $\frac{1}{4} + 2\frac{1}{2} =$

(5) $1\frac{5}{8} + \frac{17}{24} =$

(6) $1\frac{7}{10} + \frac{3}{4} =$

(7) $\frac{2}{3} + 2\frac{13}{18} =$

🔄 次の数の約数をすべて書きましょう。　1つ1点【4点】

スパイラルコーナー
(1) 4　　　　　　　　　(2) 35
　　（　　　　　　　）（　　　　　　　）
(3) 121　　　　　　　(4) 125
　　（　　　　　　　）（　　　　　　　）

51 分数のたし算 ③

---

❶ 次の □ にあてはまる数を書きましょう。　　1つ6点【12点】

(1)　$1\dfrac{2}{3}+\dfrac{5}{6}=1+\dfrac{\boxed{}}{6}+\dfrac{5}{6}=1\dfrac{9}{6}=1\dfrac{3}{2}=\boxed{}$

(2)　$1\dfrac{2}{3}+\dfrac{5}{6}=\dfrac{\boxed{}}{3}+\dfrac{5}{6}=\dfrac{\boxed{}}{6}+\dfrac{5}{6}=\boxed{}=\boxed{}$

❷ 次の計算をしましょう。　　1つ6点【42点】

(1)　$1\dfrac{1}{4}+\dfrac{2}{9}=$

(2)　$1\dfrac{2}{9}+\dfrac{1}{2}=$

(3)　$\dfrac{1}{2}+2\dfrac{2}{5}=$

(4)　$\dfrac{2}{7}+1\dfrac{1}{6}=$

(5)　$1\dfrac{3}{4}+\dfrac{5}{9}=$

(6)　$2\dfrac{5}{8}+\dfrac{2}{3}=$

(7)　$\dfrac{3}{4}+1\dfrac{2}{5}=$

❸ 次の計算をしましょう。　　1つ6点【42点】

(1)　$1\dfrac{4}{15}+\dfrac{1}{20}=$

(2)　$3\dfrac{3}{8}+\dfrac{1}{4}=$

(3)　$\dfrac{3}{8}+1\dfrac{1}{16}=$

(4)　$\dfrac{1}{4}+2\dfrac{1}{2}=$

(5)　$1\dfrac{5}{8}+\dfrac{17}{24}=$

(6)　$1\dfrac{7}{10}+\dfrac{3}{4}=$

(7)　$\dfrac{2}{3}+2\dfrac{13}{18}=$

🔁 次の数の約数をすべて書きましょう。　　1つ1点【4点】

スパイラルコーナー

(1)　4　　　　　　　　　　(2)　35
　　（　　　　　　　　）（　　　　　　　　）

(3)　121　　　　　　　　(4)　125
　　（　　　　　　　　）（　　　　　　　　）

52 分数のたし算 ④

目標時間 ⏱ **20**分

学習した日　　　月　　　日　　得点

名前

／100点

1552
解説→187ページ

❶ 次の □ にあてはまる数を書きましょう。　　　　1つ4点【8点】

(1) $2\dfrac{1}{2}+3\dfrac{1}{3}=2+\dfrac{3}{6}+3+\dfrac{\boxed{}}{6}=\boxed{}$

(2) $2\dfrac{1}{2}+3\dfrac{1}{3}=\dfrac{5}{2}+\dfrac{\boxed{}}{3}=\dfrac{15}{6}+\dfrac{\boxed{}}{6}=\boxed{}$

❷ 次の計算をしましょう。　　　　1つ6点【42点】

(1) $1\dfrac{1}{4}+1\dfrac{1}{9}=$

(2) $1\dfrac{2}{9}+3\dfrac{1}{2}=$

(3) $2\dfrac{1}{2}+1\dfrac{2}{5}=$

(4) $1\dfrac{1}{6}+1\dfrac{4}{7}=$

(5) $1\dfrac{4}{9}+1\dfrac{1}{4}=$

(6) $1\dfrac{1}{3}+2\dfrac{1}{8}=$

(7) $2\dfrac{1}{4}+3\dfrac{2}{5}=$

❸ 次の計算をしましょう。　　　　1つ6点【42点】

(1) $2\dfrac{1}{5}+4\dfrac{7}{10}=$

(2) $2\dfrac{5}{9}+3\dfrac{1}{3}=$

(3) $2\dfrac{1}{6}+1\dfrac{4}{9}=$

(4) $1\dfrac{17}{24}+2\dfrac{1}{6}=$

(5) $2\dfrac{5}{12}+1\dfrac{7}{18}=$

(6) $2\dfrac{1}{6}+3\dfrac{1}{4}=$

(7) $2\dfrac{3}{10}+1\dfrac{5}{12}=$

🔄 次の数の最大公約数を書きましょう。　　　　1つ2点【8点】

スパイラルコーナー

(1) 12、14　　　　(2) 18、27

　　　　（　　　　）　　　　　　　（　　　　）

(3) 24、36、60　　　　(4) 36、54、90

　　　　（　　　　）　　　　　　　（　　　　）

52 分数のたし算 ④

学習した日　　　月　　　日　　　得点

名前

/100点

1552
解説→187ページ

❶ 次の □ にあてはまる数を書きましょう。　　　1つ4点【8点】

(1) $2\dfrac{1}{2} + 3\dfrac{1}{3} = 2 + \dfrac{3}{6} + 3 + \dfrac{\boxed{}}{6} = \boxed{}$

(2) $2\dfrac{1}{2} + 3\dfrac{1}{3} = \dfrac{5}{2} + \dfrac{\boxed{}}{3} = \dfrac{15}{6} + \dfrac{\boxed{}}{6} = \boxed{}$

❷ 次の計算をしましょう。　　　1つ6点【42点】

(1) $1\dfrac{1}{4} + 1\dfrac{1}{9} =$

(2) $1\dfrac{2}{9} + 3\dfrac{1}{2} =$

(3) $2\dfrac{1}{2} + 1\dfrac{2}{5} =$

(4) $1\dfrac{1}{6} + 1\dfrac{4}{7} =$

(5) $1\dfrac{4}{9} + 1\dfrac{1}{4} =$

(6) $1\dfrac{1}{3} + 2\dfrac{1}{8} =$

(7) $2\dfrac{1}{4} + 3\dfrac{2}{5} =$

❸ 次の計算をしましょう。　　　1つ6点【42点】

(1) $2\dfrac{1}{5} + 4\dfrac{7}{10} =$

(2) $2\dfrac{5}{9} + 3\dfrac{1}{3} =$

(3) $2\dfrac{1}{6} + 1\dfrac{4}{9} =$

(4) $1\dfrac{17}{24} + 2\dfrac{1}{6} =$

(5) $2\dfrac{5}{12} + 1\dfrac{7}{18} =$

(6) $2\dfrac{1}{6} + 3\dfrac{1}{4} =$

(7) $2\dfrac{3}{10} + 1\dfrac{5}{12} =$

次の数の最大公約数を書きましょう。　　　1つ2点【8点】

スパイラルコーナー
(1) 12、14　　　　　　　(2) 18、27
　　　　（　　　　　）　　　　　　　　　（　　　　　）
(3) 24、36、60　　　　　(4) 36、54、90
　　　　（　　　　　）　　　　　　　　　（　　　　　）

目標時間 🕐 **20**分

学習した日　　　月　　　日　得点

名前

／100点

1553
解説→187ページ

❶ 次の ☐ にあてはまる数を書きましょう。　　　　1つ6点【12点】

(1) $1\dfrac{2}{3} + 2\dfrac{5}{6} = 1 + \dfrac{4}{6} + 2 + \dfrac{\boxed{}}{6} = 3\dfrac{9}{6} = 3\dfrac{3}{2} = \boxed{}$

(2) $1\dfrac{2}{3} + 2\dfrac{5}{6} = \dfrac{5}{3} + \dfrac{\boxed{}}{6} = \dfrac{10}{6} + \dfrac{\boxed{}}{6} = \boxed{} = \boxed{}$

❷ 次の計算をしましょう。　　　　1つ6点【42点】

(1) $1\dfrac{2}{7} + 1\dfrac{7}{8} =$

(2) $2\dfrac{7}{9} + 3\dfrac{1}{2} =$

(3) $3\dfrac{1}{2} + 2\dfrac{4}{5} =$

(4) $1\dfrac{3}{7} + 2\dfrac{5}{6} =$

(5) $2\dfrac{3}{4} + 2\dfrac{7}{9} =$

(6) $3\dfrac{2}{3} + 3\dfrac{3}{8} =$

(7) $4\dfrac{3}{4} + 3\dfrac{2}{5} =$

❸ 次の計算をしましょう。　　　　1つ6点【42点】

(1) $2\dfrac{3}{4} + 3\dfrac{5}{16} =$

(2) $4\dfrac{9}{10} + 1\dfrac{3}{8} =$

(3) $2\dfrac{2}{7} + 2\dfrac{13}{14} =$

(4) $3\dfrac{11}{12} + 1\dfrac{3}{4} =$

(5) $3\dfrac{5}{6} + 2\dfrac{5}{12} =$

(6) $1\dfrac{11}{16} + 1\dfrac{7}{12} =$

(7) $2\dfrac{5}{6} + 3\dfrac{3}{8} =$

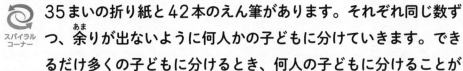 35まいの折り紙と42本のえん筆があります。それぞれ同じ数ずつ、余りが出ないように何人かの子どもに分けていきます。できるだけ多くの子どもに分けるとき、何人の子どもに分けることができますか。　　　【4点】

（　　　　　　）

53 分数のたし算 ⑤

目標時間 ⏱ 20分

学習した日　　　月　　　日

名前

得点　　／100点

1553
解説→187ページ

---

❶ 次の □ にあてはまる数を書きましょう。

1つ6点【12点】

(1)　$1\dfrac{2}{3} + 2\dfrac{5}{6} = 1 + \dfrac{4}{6} + 2 + \dfrac{\boxed{}}{6} = 3\dfrac{9}{6} = 3\dfrac{3}{2} = \boxed{}$

(2)　$1\dfrac{2}{3} + 2\dfrac{5}{6} = \dfrac{5}{3} + \dfrac{\boxed{}}{6} = \dfrac{10}{6} + \dfrac{\boxed{}}{6} = \boxed{} = \boxed{}$

❷ 次の計算をしましょう。

1つ6点【42点】

(1)　$1\dfrac{2}{7} + 1\dfrac{7}{8} =$

(2)　$2\dfrac{7}{9} + 3\dfrac{1}{2} =$

(3)　$3\dfrac{1}{2} + 2\dfrac{4}{5} =$

(4)　$1\dfrac{3}{7} + 2\dfrac{5}{6} =$

(5)　$2\dfrac{3}{4} + 2\dfrac{7}{9} =$

(6)　$3\dfrac{2}{3} + 3\dfrac{3}{8} =$

(7)　$4\dfrac{3}{4} + 3\dfrac{2}{5} =$

---

❸ 次の計算をしましょう。

1つ6点【42点】

(1)　$2\dfrac{3}{4} + 3\dfrac{5}{16} =$

(2)　$4\dfrac{9}{10} + 1\dfrac{3}{8} =$

(3)　$2\dfrac{2}{7} + 2\dfrac{13}{14} =$

(4)　$3\dfrac{11}{12} + 1\dfrac{3}{4} =$

(5)　$3\dfrac{5}{6} + 2\dfrac{5}{12} =$

(6)　$1\dfrac{11}{16} + 1\dfrac{7}{12} =$

(7)　$2\dfrac{5}{6} + 3\dfrac{3}{8} =$

 スパイラルコーナー

35まいの折り紙と42本のえん筆があります。それぞれ同じ数ずつ、余りが出ないように何人かの子どもに分けていきます。できるだけ多くの子どもに分けるとき、何人の子どもに分けることができますか。

【4点】

（　　　　　　　）

❶ 次の分数を約分しましょう。　　　　　　　　　1つ8点【16点】

(1) $\dfrac{24}{36}$ 　　（　　　　　　）　(2) $\dfrac{48}{64}$ 　　（　　　　　　　）

❷ 次の3つの分数を小さい順に書きましょう。　　　1つ8点【16点】

(1) $\dfrac{1}{2}$、$\dfrac{1}{3}$、$\dfrac{2}{5}$ 　　　　　　（　　　→　　　→　　　）

(2) $\dfrac{1}{3}$、$\dfrac{1}{4}$、$\dfrac{2}{7}$ 　　　　　　（　　　→　　　→　　　）

❸ 次の計算をしましょう。　　　　　　　　　　　1つ8点【40点】

(1) $\dfrac{3}{4}+\dfrac{1}{6}=$

(2) $\dfrac{13}{10}+\dfrac{5}{6}=$

(3) $2\dfrac{5}{8}+\dfrac{7}{12}=$

(4) $2\dfrac{5}{6}+4\dfrac{1}{3}=$

(5) $4\dfrac{1}{2}+3\dfrac{3}{4}=$

❹ 家から図書館までの道のりは$\dfrac{1}{4}$kmで、図書館から学校までの道のりは$\dfrac{2}{3}$kmです。家を出て図書館に行ってから学校に行くとき、道のりは何kmですか。　　　　　　　　　　　【全部できて14点】

(式)

　　　　　　　　　　　答え（　　　　　　　　）

❺ あおいさんは$1\dfrac{5}{6}$時間勉強する予定でしたが、予定より$\dfrac{2}{3}$時間多く勉強することができました。勉強した時間は何時間ですか。　　　　　　　　　　　【全部できて14点】

(式)

　　　　　　　　　　　答え（　　　　　　　　）

54 まとめのテスト❽

学習した日　　月　　日　　得点

名前

/100点

解説→188ページ

1554

❶ 次の分数を約分しましょう。　　　　　　1つ8点【16点】

(1) $\dfrac{24}{36}$　　（　　　　　　　）　(2) $\dfrac{48}{64}$　　（　　　　　　　）

❷ 次の3つの分数を小さい順に書きましょう。　　　　1つ8点【16点】

(1) $\dfrac{1}{2}$、$\dfrac{1}{3}$、$\dfrac{2}{5}$　　　　　　（　　→　　→　　）

(2) $\dfrac{1}{3}$、$\dfrac{1}{4}$、$\dfrac{2}{7}$　　　　　　（　　→　　→　　）

❸ 次の計算をしましょう。　　　　　　　1つ8点【40点】

(1) $\dfrac{3}{4}+\dfrac{1}{6}=$

(2) $\dfrac{13}{10}+\dfrac{5}{6}=$

(3) $2\dfrac{5}{8}+\dfrac{7}{12}=$

(4) $2\dfrac{5}{6}+4\dfrac{1}{3}=$

(5) $4\dfrac{1}{2}+3\dfrac{3}{4}=$

❹ 家から図書館までの道のりは $\dfrac{1}{4}$km で、図書館から学校までの道のりは $\dfrac{2}{3}$km です。家を出て図書館に行ってから学校に行くとき、道のりは何kmですか。　　　　　【全部できて14点】

(式)

答え（　　　　　　　　）

❺ あおいさんは $1\dfrac{5}{6}$ 時間勉強する予定でしたが、予定より $\dfrac{2}{3}$ 時間多く勉強することができました。勉強した時間は何時間ですか。　　　　　【全部できて14点】

(式)

答え（　　　　　　　　）

❶ 次の□にあてはまる数を書きましょう。　　1つ4点【8点】

(1) $\dfrac{1}{2} - \dfrac{1}{4} = \dfrac{\boxed{}}{4} - \dfrac{1}{4} = \boxed{}$

(2) $\dfrac{1}{2} - \dfrac{1}{3} = \dfrac{\boxed{}}{6} - \dfrac{\boxed{}}{6} = \boxed{}$

❷ 次の計算をしましょう。　　1つ6点【42点】

(1) $\dfrac{3}{5} - \dfrac{2}{7} =$

(2) $\dfrac{8}{9} - \dfrac{1}{2} =$

(3) $\dfrac{3}{5} - \dfrac{1}{6} =$

(4) $\dfrac{5}{8} - \dfrac{1}{3} =$

(5) $\dfrac{1}{2} - \dfrac{2}{9} =$

(6) $\dfrac{8}{9} - \dfrac{3}{4} =$

(7) $\dfrac{5}{6} - \dfrac{3}{7} =$

❸ 次の計算をしましょう。　　1つ6点【42点】

(1) $\dfrac{1}{2} - \dfrac{1}{6} =$

(2) $\dfrac{5}{12} - \dfrac{1}{8} =$

(3) $\dfrac{1}{6} - \dfrac{1}{18} =$

(4) $\dfrac{19}{24} - \dfrac{3}{4} =$

(5) $\dfrac{1}{2} - \dfrac{3}{10} =$

(6) $\dfrac{5}{12} - \dfrac{1}{3} =$

(7) $\dfrac{7}{12} - \dfrac{5}{24} =$

スパイラルコーナー　次の計算をしましょう。　　1つ4点【8点】

(1) $\dfrac{1}{6} + \dfrac{1}{15} =$

(2) $\dfrac{1}{4} + \dfrac{7}{16} =$

55 分数のひき算 ①

📝学習した日　　　月　　　日　　得点

名前

／100点

1555
解説→188ページ

❶ 次の ▭ にあてはまる数を書きましょう。　　1つ4点【8点】

(1) $\dfrac{1}{2} - \dfrac{1}{4} = \dfrac{\boxed{}}{4} - \dfrac{1}{4} = \boxed{}$

(2) $\dfrac{1}{2} - \dfrac{1}{3} = \dfrac{\boxed{}}{6} - \dfrac{\boxed{}}{6} = \boxed{}$

❷ 次の計算をしましょう。　　1つ6点【42点】

(1) $\dfrac{3}{5} - \dfrac{2}{7} =$

(2) $\dfrac{8}{9} - \dfrac{1}{2} =$

(3) $\dfrac{3}{5} - \dfrac{1}{6} =$

(4) $\dfrac{5}{8} - \dfrac{1}{3} =$

(5) $\dfrac{1}{2} - \dfrac{2}{9} =$

(6) $\dfrac{8}{9} - \dfrac{3}{4} =$

(7) $\dfrac{5}{6} - \dfrac{3}{7} =$

❸ 次の計算をしましょう。　　1つ6点【42点】

(1) $\dfrac{1}{2} - \dfrac{1}{6} =$

(2) $\dfrac{5}{12} - \dfrac{1}{8} =$

(3) $\dfrac{1}{6} - \dfrac{1}{18} =$

(4) $\dfrac{19}{24} - \dfrac{3}{4} =$

(5) $\dfrac{1}{2} - \dfrac{3}{10} =$

(6) $\dfrac{5}{12} - \dfrac{1}{3} =$

(7) $\dfrac{7}{12} - \dfrac{5}{24} =$

 次の計算をしましょう。　　1つ4点【8点】

スパイラル
コーナー

(1) $\dfrac{1}{6} + \dfrac{1}{15} =$

(2) $\dfrac{1}{4} + \dfrac{7}{16} =$

56 分数のひき算 ②

目標時間 20分

学習した日　　　月　　　日　　　得点

名前

／100点

1556
解説→189ページ

① 次の計算をしましょう。　　　1つ6点【54点】

(1) $\dfrac{7}{5} - \dfrac{5}{7} =$

(2) $\dfrac{6}{5} - \dfrac{3}{4} =$

(3) $\dfrac{3}{2} - \dfrac{2}{3} =$

(4) $\dfrac{11}{7} - \dfrac{2}{3} =$

(5) $\dfrac{5}{3} - \dfrac{4}{5} =$

(6) $\dfrac{9}{5} - \dfrac{1}{2} =$

(7) $\dfrac{7}{4} - \dfrac{2}{7} =$

(8) $\dfrac{11}{6} - \dfrac{4}{5} =$

(9) $\dfrac{7}{5} - \dfrac{1}{8} =$

② 次の計算をしましょう。　　　1つ6点【42点】

(1) $\dfrac{23}{18} - \dfrac{11}{24} =$

(2) $\dfrac{13}{12} - \dfrac{1}{2} =$

(3) $\dfrac{11}{9} - \dfrac{5}{18} =$

(4) $\dfrac{7}{6} - \dfrac{2}{3} =$

(5) $\dfrac{23}{16} - \dfrac{7}{24} =$

(6) $\dfrac{19}{16} - \dfrac{1}{12} =$

(7) $\dfrac{11}{7} - \dfrac{3}{14} =$

 次の計算をしましょう。　　　1つ2点【4点】

スパイラル
コーナー

(1) $\dfrac{11}{8} + \dfrac{2}{3} =$

(2) $\dfrac{7}{6} + \dfrac{5}{24} =$

56 分数のひき算②

目標時間 ⏱ **20**分

 学習した日　　　月　　　日

名前

得点

／100点

1556
解説→189ページ

❶ 次の計算をしましょう。

1つ6点【54点】

(1) $\dfrac{7}{5} - \dfrac{5}{7} =$

(2) $\dfrac{6}{5} - \dfrac{3}{4} =$

(3) $\dfrac{3}{2} - \dfrac{2}{3} =$

(4) $\dfrac{11}{7} - \dfrac{2}{3} =$

(5) $\dfrac{5}{3} - \dfrac{4}{5} =$

(6) $\dfrac{9}{5} - \dfrac{1}{2} =$

(7) $\dfrac{7}{4} - \dfrac{2}{7} =$

(8) $\dfrac{11}{6} - \dfrac{4}{5} =$

(9) $\dfrac{7}{5} - \dfrac{1}{8} =$

❷ 次の計算をしましょう。

1つ6点【42点】

(1) $\dfrac{23}{18} - \dfrac{11}{24} =$

(2) $\dfrac{13}{12} - \dfrac{1}{2} =$

(3) $\dfrac{11}{9} - \dfrac{5}{18} =$

(4) $\dfrac{7}{6} - \dfrac{2}{3} =$

(5) $\dfrac{23}{16} - \dfrac{7}{24} =$

(6) $\dfrac{19}{16} - \dfrac{1}{12} =$

(7) $\dfrac{11}{7} - \dfrac{3}{14} =$

スパイラル
コーナー

次の計算をしましょう。

1つ2点【4点】

(1) $\dfrac{11}{8} + \dfrac{2}{3} =$

(2) $\dfrac{7}{6} + \dfrac{5}{24} =$

57 分数のひき算 ③

目標時間 ⏱ 20分

学習した日　　　月　　　日　　名前

得点　／100点

1557
解説→190ページ

❶ 次の □ にあてはまる数を書きましょう。　　　1つ4点【8点】

(1) $2\dfrac{2}{3} - \dfrac{5}{6} = 2\dfrac{\boxed{}}{6} - \dfrac{5}{6} = 1\dfrac{\boxed{}}{6} - \dfrac{\boxed{}}{6} = 1\dfrac{\boxed{}}{6}$

(2) $2\dfrac{2}{3} - \dfrac{5}{6} = \dfrac{\boxed{}}{3} - \dfrac{5}{6} = \dfrac{\boxed{}}{6} - \dfrac{5}{6} = \dfrac{\boxed{}}{6}$

❷ 次の計算をしましょう。　　　1つ6点【42点】

(1) $1\dfrac{3}{8} - \dfrac{2}{9} =$

(2) $2\dfrac{5}{7} - \dfrac{1}{2} =$

(3) $1\dfrac{6}{7} - \dfrac{4}{9} =$

(4) $1\dfrac{7}{9} - \dfrac{1}{5} =$

(5) $3\dfrac{2}{3} - \dfrac{3}{4} =$

(6) $3\dfrac{1}{3} - \dfrac{1}{2} =$

(7) $1\dfrac{1}{4} - \dfrac{5}{7} =$

❸ 次の計算をしましょう。　　　1つ6点【42点】

(1) $2\dfrac{3}{4} - \dfrac{7}{10} =$

(2) $1\dfrac{7}{12} - \dfrac{1}{3} =$

(3) $3\dfrac{3}{5} - \dfrac{1}{10} =$

(4) $2\dfrac{13}{20} - \dfrac{7}{15} =$

(5) $3\dfrac{2}{9} - \dfrac{7}{12} =$

(6) $2\dfrac{5}{18} - \dfrac{7}{9} =$

(7) $1\dfrac{1}{2} - \dfrac{7}{8} =$

スパイラル
コーナー

次の計算をしましょう。　　　1つ4点【8点】

(1) $2\dfrac{2}{3} + \dfrac{1}{4} =$

(2) $1\dfrac{2}{7} + \dfrac{1}{8} =$

57 分数のひき算③

目標時間 ⏱ 20分

らくらくマルつけ

学習した日　　月　　日　　得点

名前

／100点

1557
解説→190ページ

---

❶ 次の　　□　　にあてはまる数を書きましょう。

1つ4点【8点】

(1)　$2\dfrac{2}{3} - \dfrac{5}{6} = 2\dfrac{\boxed{}}{6} - \dfrac{5}{6} = 1\dfrac{\boxed{}}{6} - \dfrac{\boxed{}}{6} = 1\dfrac{\boxed{}}{6}$

(2)　$2\dfrac{2}{3} - \dfrac{5}{6} = \dfrac{\boxed{}}{3} - \dfrac{5}{6} = \dfrac{\boxed{}}{6} - \dfrac{5}{6} = \dfrac{\boxed{}}{6}$

❷ 次の計算をしましょう。

1つ6点【42点】

(1)　$1\dfrac{3}{8} - \dfrac{2}{9} =$

(2)　$2\dfrac{5}{7} - \dfrac{1}{2} =$

(3)　$1\dfrac{6}{7} - \dfrac{4}{9} =$

(4)　$1\dfrac{7}{9} - \dfrac{1}{5} =$

(5)　$3\dfrac{2}{3} - \dfrac{3}{4} =$

(6)　$3\dfrac{1}{3} - \dfrac{1}{2} =$

(7)　$1\dfrac{1}{4} - \dfrac{5}{7} =$

---

❸ 次の計算をしましょう。

1つ6点【42点】

(1)　$2\dfrac{3}{4} - \dfrac{7}{10} =$

(2)　$1\dfrac{7}{12} - \dfrac{1}{3} =$

(3)　$3\dfrac{3}{5} - \dfrac{1}{10} =$

(4)　$2\dfrac{13}{20} - \dfrac{7}{15} =$

(5)　$3\dfrac{2}{9} - \dfrac{7}{12} =$

(6)　$2\dfrac{5}{18} - \dfrac{7}{9} =$

(7)　$1\dfrac{1}{2} - \dfrac{7}{8} =$

 次の計算をしましょう。

スパイラルコーナー

1つ4点【8点】

(1)　$2\dfrac{2}{3} + \dfrac{1}{4} =$

(2)　$1\dfrac{2}{7} + \dfrac{1}{8} =$

58 分数のひき算④

🖉 学習した日　　　月　　　日　　　得点

名前

／100点

1558
解説→190ページ

❶ 次の計算をしましょう。　　　　　　　　　　　　1つ6点【54点】

(1) $3\dfrac{5}{6} - 2\dfrac{4}{7} =$

(2) $6\dfrac{3}{5} - 4\dfrac{1}{3} =$

(3) $8\dfrac{7}{8} - 7\dfrac{5}{9} =$

(4) $5\dfrac{5}{6} - 1\dfrac{3}{5} =$

(5) $3\dfrac{2}{5} - 1\dfrac{1}{7} =$

(6) $9\dfrac{5}{8} - 7\dfrac{3}{7} =$

(7) $6\dfrac{2}{3} - 2\dfrac{1}{7} =$

(8) $4\dfrac{4}{7} - 1\dfrac{1}{2} =$

(9) $3\dfrac{1}{5} - 2\dfrac{1}{9} =$

❷ 次の計算をしましょう。　　　　　　　　　　　　1つ6点【42点】

(1) $9\dfrac{3}{8} - 4\dfrac{1}{16} =$

(2) $3\dfrac{5}{18} - 1\dfrac{1}{6} =$

(3) $1\dfrac{7}{10} - 1\dfrac{13}{20} =$

(4) $5\dfrac{13}{24} - 3\dfrac{7}{18} =$

(5) $6\dfrac{5}{8} - 4\dfrac{1}{10} =$

(6) $5\dfrac{11}{12} - 3\dfrac{3}{4} =$

(7) $2\dfrac{5}{6} - 2\dfrac{5}{8} =$

 次の計算をしましょう。　　　　　　1つ2点【4点】
スパイラル
コーナー

(1) $2\dfrac{1}{6} + 2\dfrac{2}{9} =$

(2) $3\dfrac{1}{12} + 2\dfrac{1}{6} =$

58 分数のひき算 ④

目標時間 ⏱ 20分

学習した日　　　月　　　日　　　得点

名前

／100点

1558
解説→190ページ

らくらく マルつけ

---

❶ 次の計算をしましょう。　　　1つ6点【54点】

(1) $3\dfrac{5}{6} - 2\dfrac{4}{7} =$

(2) $6\dfrac{3}{5} - 4\dfrac{1}{3} =$

(3) $8\dfrac{7}{8} - 7\dfrac{5}{9} =$

(4) $5\dfrac{5}{6} - 1\dfrac{3}{5} =$

(5) $3\dfrac{2}{5} - 1\dfrac{1}{7} =$

(6) $9\dfrac{5}{8} - 7\dfrac{3}{7} =$

(7) $6\dfrac{2}{3} - 2\dfrac{1}{7} =$

(8) $4\dfrac{4}{7} - 1\dfrac{1}{2} =$

(9) $3\dfrac{1}{5} - 2\dfrac{1}{9} =$

---

❷ 次の計算をしましょう。　　　1つ6点【42点】

(1) $9\dfrac{3}{8} - 4\dfrac{1}{16} =$

(2) $3\dfrac{5}{18} - 1\dfrac{1}{6} =$

(3) $1\dfrac{7}{10} - 1\dfrac{13}{20} =$

(4) $5\dfrac{13}{24} - 3\dfrac{7}{18} =$

(5) $6\dfrac{5}{8} - 4\dfrac{1}{10} =$

(6) $5\dfrac{11}{12} - 3\dfrac{3}{4} =$

(7) $2\dfrac{5}{6} - 2\dfrac{5}{8} =$

 次の計算をしましょう。　　　1つ2点【4点】

スパイラル
コーナー

(1) $2\dfrac{1}{6} + 2\dfrac{2}{9} =$

(2) $3\dfrac{1}{12} + 2\dfrac{1}{6} =$

59 分数のひき算⑤

目標時間
⏱
20分

学習した日　　　月　　　日　　　得点

名前

／100点

1559
解説→191ページ

❶ 次の ☐ にあてはまる数を書きましょう。　　1つ4点【8点】

(1) $3\dfrac{2}{3} - 1\dfrac{8}{9} = 3\dfrac{\boxed{}}{9} - 1\dfrac{8}{9} = 2\dfrac{\boxed{}}{9} - 1\dfrac{8}{9} = 1\dfrac{\boxed{}}{9}$

(2) $3\dfrac{2}{3} - 1\dfrac{8}{9} = \dfrac{\boxed{}}{3} - \dfrac{17}{9} = \dfrac{\boxed{}}{9} - \dfrac{17}{9} = \dfrac{\boxed{}}{9}$

❷ 次の計算をしましょう。　　1つ6点【42点】

(1) $5\dfrac{1}{2} - 1\dfrac{3}{5} =$

(2) $6\dfrac{2}{9} - 4\dfrac{3}{7} =$

(3) $3\dfrac{1}{4} - 1\dfrac{4}{9} =$

(4) $9\dfrac{1}{8} - 4\dfrac{1}{3} =$

(5) $4\dfrac{1}{2} - 1\dfrac{8}{9} =$

(6) $4\dfrac{1}{3} - 2\dfrac{3}{4} =$

(7) $6\dfrac{1}{7} - 2\dfrac{1}{4} =$

❸ 次の計算をしましょう。　　1つ6点【42点】

(1) $7\dfrac{1}{8} - 3\dfrac{11}{24} =$

(2) $2\dfrac{1}{6} - 1\dfrac{1}{2} =$

(3) $9\dfrac{3}{16} - 6\dfrac{7}{24} =$

(4) $8\dfrac{2}{9} - 3\dfrac{1}{3} =$

(5) $4\dfrac{1}{4} - 1\dfrac{5}{6} =$

(6) $6\dfrac{5}{24} - 2\dfrac{5}{6} =$

(7) $3\dfrac{5}{6} - 2\dfrac{9}{10} =$

🔄 次の計算をしましょう。　　1つ4点【8点】

スパイラル
コーナー

(1) $1\dfrac{7}{12} + 3\dfrac{13}{24} =$

(2) $2\dfrac{11}{12} + 2\dfrac{1}{8} =$

59 分数のひき算 ⑤

目標時間 ⏱ 20分

✏ 学習した日　　　月　　　日

名前

得点

／100点

1559
解説→191ページ

❶ 次の □ にあてはまる数を書きましょう。

1つ4点【8点】

(1) $3\dfrac{2}{3} - 1\dfrac{8}{9} = 3\dfrac{\boxed{}}{9} - 1\dfrac{8}{9} = 2\dfrac{\boxed{}}{9} - 1\dfrac{8}{9} = 1\dfrac{\boxed{}}{9}$

(2) $3\dfrac{2}{3} - 1\dfrac{8}{9} = \dfrac{\boxed{}}{3} - \dfrac{17}{9} = \dfrac{\boxed{}}{9} - \dfrac{17}{9} = \dfrac{\boxed{}}{9}$

❷ 次の計算をしましょう。

1つ6点【42点】

(1) $5\dfrac{1}{2} - 1\dfrac{3}{5} =$

(2) $6\dfrac{2}{9} - 4\dfrac{3}{7} =$

(3) $3\dfrac{1}{4} - 1\dfrac{4}{9} =$

(4) $9\dfrac{1}{8} - 4\dfrac{1}{3} =$

(5) $4\dfrac{1}{2} - 1\dfrac{8}{9} =$

(6) $4\dfrac{1}{3} - 2\dfrac{3}{4} =$

(7) $6\dfrac{1}{7} - 2\dfrac{1}{4} =$

❸ 次の計算をしましょう。

1つ6点【42点】

(1) $7\dfrac{1}{8} - 3\dfrac{11}{24} =$

(2) $2\dfrac{1}{6} - 1\dfrac{1}{2} =$

(3) $9\dfrac{3}{16} - 6\dfrac{7}{24} =$

(4) $8\dfrac{2}{9} - 3\dfrac{1}{3} =$

(5) $4\dfrac{1}{4} - 1\dfrac{5}{6} =$

(6) $6\dfrac{5}{24} - 2\dfrac{5}{6} =$

(7) $3\dfrac{5}{6} - 2\dfrac{9}{10} =$

スパイラル
コーナー
次の計算をしましょう。

1つ4点【8点】

(1) $1\dfrac{7}{12} + 3\dfrac{13}{24} =$

(2) $2\dfrac{11}{12} + 2\dfrac{1}{8} =$

学習した日　　　月　　　日　　得点

名前

／100点

1560
解説→191ページ

❶ 次の計算をしましょう。

1つ8点【72点】

(1) $\dfrac{3}{4} - \dfrac{1}{5} =$

(2) $\dfrac{17}{18} - \dfrac{2}{3} =$

(3) $\dfrac{5}{3} - \dfrac{3}{4} =$

(4) $\dfrac{23}{16} - \dfrac{1}{4} =$

(5) $5\dfrac{1}{2} - \dfrac{2}{5} =$

(6) $1\dfrac{1}{6} - \dfrac{2}{3} =$

(7) $7\dfrac{5}{8} - 5\dfrac{1}{9} =$

(8) $6\dfrac{3}{4} - 1\dfrac{1}{2} =$

(9) $5\dfrac{1}{4} - 2\dfrac{6}{7} =$

❷ チョコレートを、みなとさんは $\dfrac{1}{2}$ kg、ゆいなさんは $\dfrac{3}{10}$ kg持っています。ちがいは何kgですか。

【全部できて8点】

(式)

答え(　　　　　　)

❸ $2\dfrac{1}{12}$ mのひもがあります。そこから $\dfrac{1}{2}$ m切り取りました。何m残っていますか。

【全部できて10点】

(式)

答え(　　　　　　)

❹ オレンジジュースが $3\dfrac{1}{5}$ dLあります。れんさんは弟と2人で $2\dfrac{8}{15}$ dL飲みました。何dL残っていますか。

【全部できて10点】

(式)

答え(　　　　　　)

\ もう1回チャレンジ!! /

60 まとめのテスト❾

目標時間 20分

学習した日　　　月　　　日

名前

得点

／100点

1560
解説→191ページ

らくらく
マルつけ

❶ 次の計算をしましょう。

1つ8点【72点】

(1) $\dfrac{3}{4} - \dfrac{1}{5} =$

(2) $\dfrac{17}{18} - \dfrac{2}{3} =$

(3) $\dfrac{5}{3} - \dfrac{3}{4} =$

(4) $\dfrac{23}{16} - \dfrac{1}{4} =$

(5) $5\dfrac{1}{2} - \dfrac{2}{5} =$

(6) $1\dfrac{1}{6} - \dfrac{2}{3} =$

(7) $7\dfrac{5}{8} - 5\dfrac{1}{9} =$

(8) $6\dfrac{3}{4} - 1\dfrac{1}{2} =$

(9) $5\dfrac{1}{4} - 2\dfrac{6}{7} =$

❷ チョコレートを、みなとさんは $\dfrac{1}{2}$ kg、ゆいなさんは $\dfrac{3}{10}$ kg持っています。ちがいは何kgですか。

【全部できて8点】

(式)

答え(　　　　　　　)

❸ $2\dfrac{1}{12}$ mのひもがあります。そこから $\dfrac{1}{2}$ m切り取りました。何m残っていますか。

【全部できて10点】

(式)

答え(　　　　　　　)

❹ オレンジジュースが $3\dfrac{1}{5}$ dLあります。れんさんは弟と2人で $2\dfrac{8}{15}$ dL飲みました。何dL残っていますか。

【全部できて10点】

(式)

答え(　　　　　　　)

61 分数と小数のたし算

目標時間 ⏱ **20分**

学習した日　　　月　　　日　　得点

名前

／100点

1561
解説→192ページ

❶ $\dfrac{1}{4}$＋0.3の計算の答えを求めます。次の▢にあてはまる数を書きましょう。　【14点】

(1) 0.3を分数で表すと ▢

$\dfrac{1}{4}+0.3=\dfrac{1}{4}+\boxed{}=\dfrac{5}{20}+\boxed{}=\boxed{}$　（全部できて7点）

(2) $\dfrac{1}{4}$ を小数で表すと ▢

$\dfrac{1}{4}+0.3=\boxed{}+0.3=\boxed{}$　（全部できて7点）

❷ $\dfrac{1}{2}$、$\dfrac{3}{4}$、$\dfrac{3}{5}$ を小数で表して、次の計算をしましょう。　1つ8点【24点】

(1) $\dfrac{1}{2}+0.4=$

(2) $\dfrac{3}{4}+0.55=$

(3) $\dfrac{3}{5}+0.25=$

❸ 次の計算の答えを分数で求めましょう。　1つ9点【54点】

(1) $\dfrac{1}{6}+0.2=$

(2) $\dfrac{1}{7}+0.7=$

(3) $\dfrac{1}{3}+0.6=$

(4) $\dfrac{5}{6}+0.1=$

(5) $\dfrac{2}{3}+0.75=$

(6) $\dfrac{3}{7}+0.25=$

 次の計算をしましょう。　1つ4点【8点】

スパイラルコーナー

(1) $\dfrac{3}{10}-\dfrac{1}{12}=$

(2) $\dfrac{11}{18}-\dfrac{5}{12}=$

61 分数と小数のたし算

目標時間
⏱
20分

学習した日　　　月　　　日　　得点

名前

/100点

1561
解説→192ページ

❶ $\frac{1}{4}+0.3$ の計算の答えを求めます。次の □ にあてはまる数を書きましょう。　【14点】

(1) 0.3を分数で表すと □

$\frac{1}{4}+0.3=\frac{1}{4}+\boxed{}=\frac{5}{20}+\boxed{}=\boxed{}$　（全部できて7点）

(2) $\frac{1}{4}$ を小数で表すと □

$\frac{1}{4}+0.3=\boxed{}+0.3=\boxed{}$　（全部できて7点）

❷ $\frac{1}{2}$、$\frac{3}{4}$、$\frac{3}{5}$ を小数で表して、次の計算をしましょう。　1つ8点【24点】

(1) $\frac{1}{2}+0.4=$

(2) $\frac{3}{4}+0.55=$

(3) $\frac{3}{5}+0.25=$

❸ 次の計算の答えを分数で求めましょう。　1つ9点【54点】

(1) $\frac{1}{6}+0.2=$

(2) $\frac{1}{7}+0.7=$

(3) $\frac{1}{3}+0.6=$

(4) $\frac{5}{6}+0.1=$

(5) $\frac{2}{3}+0.75=$

(6) $\frac{3}{7}+0.25=$

 次の計算をしましょう。　1つ4点【8点】
スパイラル
コーナー

(1) $\frac{3}{10}-\frac{1}{12}=$

(2) $\frac{11}{18}-\frac{5}{12}=$

62 3つの分数のたし算

1 次の計算をしましょう。　　1つ6点【54点】

(1) $\dfrac{2}{7}+\dfrac{2}{9}+\dfrac{1}{3}=$

(2) $\dfrac{2}{9}+\dfrac{1}{5}+\dfrac{1}{6}=$

(3) $\dfrac{1}{4}+\dfrac{2}{9}+\dfrac{1}{3}=$

(4) $\dfrac{1}{7}+\dfrac{1}{6}+\dfrac{1}{2}=$

(5) $\dfrac{1}{5}+\dfrac{1}{6}+\dfrac{1}{3}=$

(6) $\dfrac{1}{5}+\dfrac{1}{4}+\dfrac{1}{2}=$

(7) $\dfrac{1}{8}+\dfrac{4}{9}+\dfrac{1}{4}=$

(8) $\dfrac{1}{7}+\dfrac{1}{4}+\dfrac{1}{2}=$

(9) $\dfrac{1}{5}+\dfrac{3}{8}+\dfrac{1}{4}=$

2 次の計算をしましょう。　　1つ6点【42点】

(1) $\dfrac{1}{7}+\dfrac{3}{14}+\dfrac{5}{21}=$

(2) $\dfrac{5}{12}+\dfrac{1}{3}+\dfrac{1}{6}=$

(3) $\dfrac{1}{3}+\dfrac{5}{18}+\dfrac{2}{9}=$

(4) $\dfrac{5}{24}+\dfrac{1}{6}+\dfrac{5}{12}=$

(5) $\dfrac{1}{4}+\dfrac{1}{10}+\dfrac{1}{2}=$

(6) $\dfrac{7}{18}+\dfrac{1}{6}+\dfrac{1}{12}=$

(7) $\dfrac{1}{2}+\dfrac{3}{10}+\dfrac{3}{20}=$

🔄 **スパイラルコーナー** 次の計算をしましょう。　　1つ2点【4点】

(1) $2\dfrac{3}{4}-\dfrac{7}{24}=$

(2) $5\dfrac{1}{8}-\dfrac{3}{4}=$

62 3つの分数のたし算

学習した日　　　月　　　日　　得点

名前

／100点

1562
解説→192ページ

❶ 次の計算をしましょう。　　　　　　　　1つ6点【54点】

(1) $\dfrac{2}{7} + \dfrac{2}{9} + \dfrac{1}{3} =$

(2) $\dfrac{2}{9} + \dfrac{1}{5} + \dfrac{1}{6} =$

(3) $\dfrac{1}{4} + \dfrac{2}{9} + \dfrac{1}{3} =$

(4) $\dfrac{1}{7} + \dfrac{1}{6} + \dfrac{1}{2} =$

(5) $\dfrac{1}{5} + \dfrac{1}{6} + \dfrac{1}{3} =$

(6) $\dfrac{1}{5} + \dfrac{1}{4} + \dfrac{1}{2} =$

(7) $\dfrac{1}{8} + \dfrac{4}{9} + \dfrac{1}{4} =$

(8) $\dfrac{1}{7} + \dfrac{1}{4} + \dfrac{1}{2} =$

(9) $\dfrac{1}{5} + \dfrac{3}{8} + \dfrac{1}{4} =$

❷ 次の計算をしましょう。　　　　　　　　1つ6点【42点】

(1) $\dfrac{1}{7} + \dfrac{3}{14} + \dfrac{5}{21} =$

(2) $\dfrac{5}{12} + \dfrac{1}{3} + \dfrac{1}{6} =$

(3) $\dfrac{1}{3} + \dfrac{5}{18} + \dfrac{2}{9} =$

(4) $\dfrac{5}{24} + \dfrac{1}{6} + \dfrac{5}{12} =$

(5) $\dfrac{1}{4} + \dfrac{1}{10} + \dfrac{1}{2} =$

(6) $\dfrac{7}{18} + \dfrac{1}{6} + \dfrac{1}{12} =$

(7) $\dfrac{1}{2} + \dfrac{3}{10} + \dfrac{3}{20} =$

 次の計算をしましょう。　　　　　　1つ2点【4点】

スパイラル
コーナー

(1) $2\dfrac{3}{4} - \dfrac{7}{24} =$

(2) $5\dfrac{1}{8} - \dfrac{3}{4} =$

❶ 次の計算をしましょう。　　　　　　1つ6点【54点】

(1) $\dfrac{1}{2} + \dfrac{2}{3} - \dfrac{5}{9} =$

(2) $\dfrac{6}{7} - \dfrac{1}{2} - \dfrac{1}{4} =$

(3) $\dfrac{3}{5} - \dfrac{1}{7} + \dfrac{3}{10} =$

(4) $\dfrac{3}{4} - \dfrac{1}{3} - \dfrac{1}{8} =$

(5) $\dfrac{2}{3} + \dfrac{3}{8} - \dfrac{5}{6} =$

(6) $\dfrac{5}{8} - \dfrac{3}{7} + \dfrac{1}{4} =$

(7) $\dfrac{2}{3} - \dfrac{1}{4} - \dfrac{1}{8} =$

(8) $\dfrac{2}{9} + \dfrac{1}{2} - \dfrac{1}{3} =$

(9) $\dfrac{3}{5} - \dfrac{1}{8} - \dfrac{1}{10} =$

❷ 次の計算をしましょう。　　　　　　1つ6点【42点】

(1) $\dfrac{7}{10} - \dfrac{4}{15} - \dfrac{1}{30} =$

(2) $\dfrac{1}{10} + \dfrac{1}{2} - \dfrac{1}{5} =$

(3) $\dfrac{4}{5} - \dfrac{7}{10} + \dfrac{1}{15} =$

(4) $\dfrac{5}{24} + \dfrac{3}{8} - \dfrac{7}{16} =$

(5) $\dfrac{11}{12} - \dfrac{7}{16} - \dfrac{7}{24} =$

(6) $\dfrac{5}{8} - \dfrac{1}{2} + \dfrac{1}{16} =$

(7) $\dfrac{2}{5} + \dfrac{4}{15} - \dfrac{7}{20} =$

 次の計算をしましょう。　　　　　1つ2点【4点】

スパイラルコーナー

(1) $5\dfrac{1}{2} - 2\dfrac{1}{4} =$

(2) $7\dfrac{1}{9} - 5\dfrac{2}{3} =$

63 3つの分数のたし算、ひき算

❶ 次の計算をしましょう。

1つ6点【54点】

(1) $\dfrac{1}{2}+\dfrac{2}{3}-\dfrac{5}{9}=$

(2) $\dfrac{6}{7}-\dfrac{1}{2}-\dfrac{1}{4}=$

(3) $\dfrac{3}{5}-\dfrac{1}{7}+\dfrac{3}{10}=$

(4) $\dfrac{3}{4}-\dfrac{1}{3}-\dfrac{1}{8}=$

(5) $\dfrac{2}{3}+\dfrac{3}{8}-\dfrac{5}{6}=$

(6) $\dfrac{5}{8}-\dfrac{3}{7}+\dfrac{1}{4}=$

(7) $\dfrac{2}{3}-\dfrac{1}{4}-\dfrac{1}{8}=$

(8) $\dfrac{2}{9}+\dfrac{1}{2}-\dfrac{1}{3}=$

(9) $\dfrac{3}{5}-\dfrac{1}{8}-\dfrac{1}{10}=$

❷ 次の計算をしましょう。

1つ6点【42点】

(1) $\dfrac{7}{10}-\dfrac{4}{15}-\dfrac{1}{30}=$

(2) $\dfrac{1}{10}+\dfrac{1}{2}-\dfrac{1}{5}=$

(3) $\dfrac{4}{5}-\dfrac{7}{10}+\dfrac{1}{15}=$

(4) $\dfrac{5}{24}+\dfrac{3}{8}-\dfrac{7}{16}=$

(5) $\dfrac{11}{12}-\dfrac{7}{16}-\dfrac{7}{24}=$

(6) $\dfrac{5}{8}-\dfrac{1}{2}+\dfrac{1}{16}=$

(7) $\dfrac{2}{5}+\dfrac{4}{15}-\dfrac{7}{20}=$

 次の計算をしましょう。

1つ2点【4点】

スパイラル
コーナー

(1) $5\dfrac{1}{2}-2\dfrac{1}{4}=$

(2) $7\dfrac{1}{9}-5\dfrac{2}{3}=$

64 まとめのテスト⑩

目標時間 20分

学習した日　　月　　日

名前

得点 ／100点

解説→193ページ
1564

1 次の計算の答えを分数で求めましょう。　1つ6点【18点】

(1) $\dfrac{1}{3}+0.3=$

(2) $\dfrac{1}{9}+0.5=$

(3) $\dfrac{1}{6}+0.4=$

2 次の計算をしましょう。　1つ9点【54点】

(1) $\dfrac{1}{4}+\dfrac{2}{7}+\dfrac{3}{8}=$

(2) $\dfrac{1}{6}+\dfrac{1}{3}+\dfrac{5}{18}=$

(3) $\dfrac{2}{3}-\dfrac{2}{5}-\dfrac{1}{15}=$

(4) $\dfrac{17}{20}-\dfrac{2}{5}-\dfrac{3}{10}=$

(5) $\dfrac{3}{7}+\dfrac{5}{8}-\dfrac{3}{4}=$

(6) $\dfrac{7}{15}-\dfrac{2}{5}+\dfrac{7}{30}=$

3 ひなたさんとゆあさんは2人でごみひろいをしました。ひなたさんは $\dfrac{4}{9}$ kg、ゆあさんは0.2kgのごみをひろいました。合わせて何kgのごみをひろいましたか。分数で求めましょう。　【全部できて8点】

(式)

答え（　　　　　　　）

4 3本のリボンの長さをはかったところ、$\dfrac{1}{6}$ m、$\dfrac{2}{9}$ m、$\dfrac{5}{18}$ mでした。3つの長さを合わせると、何mになりますか。　【全部できて10点】

(式)

答え（　　　　　　　）

5 コップにリンゴジュースが $\dfrac{3}{8}$ L入っています。やまとさんは $\dfrac{1}{4}$ L飲んだあと $\dfrac{1}{16}$ L注ぎました。いまコップに入っているリンゴジュースの量は何Lですか。　【全部できて10点】

(式)

答え（　　　　　　　）

64 まとめのテスト❿

学習した日　　　月　　　日　　　得点

名前

／100点

1564
解説→193ページ

❶ 次の計算の答えを分数で求めましょう。　　　1つ6点【18点】

(1) $\dfrac{1}{3}+0.3=$

(2) $\dfrac{1}{9}+0.5=$

(3) $\dfrac{1}{6}+0.4=$

❷ 次の計算をしましょう。　　　1つ9点【54点】

(1) $\dfrac{1}{4}+\dfrac{2}{7}+\dfrac{3}{8}=$

(2) $\dfrac{1}{6}+\dfrac{1}{3}+\dfrac{5}{18}=$

(3) $\dfrac{2}{3}-\dfrac{2}{5}-\dfrac{1}{15}=$

(4) $\dfrac{17}{20}-\dfrac{2}{5}-\dfrac{3}{10}=$

(5) $\dfrac{3}{7}+\dfrac{5}{8}-\dfrac{3}{4}=$

(6) $\dfrac{7}{15}-\dfrac{2}{5}+\dfrac{7}{30}=$

❸ ひなたさんとゆあさんは2人でごみひろいをしました。ひなたさんは$\dfrac{4}{9}$kg、ゆあさんは0.2kgのごみをひろいました。合わせて何kgのごみをひろいましたか。分数で求めましょう。　　　【全部できて8点】

(式)

答え(　　　　　　　　)

❹ 3本のリボンの長さをはかったところ、$\dfrac{1}{6}$m、$\dfrac{2}{9}$m、$\dfrac{5}{18}$mでした。3つの長さを合わせると、何mになりますか。　　　【全部できて10点】

(式)

答え(　　　　　　　　)

❺ コップにリンゴジュースが$\dfrac{3}{8}$L入っています。やまとさんは$\dfrac{1}{4}$L飲んだあと$\dfrac{1}{16}$L注ぎました。いまコップに入っているリンゴジュースの量は何Lですか。　　　【全部できて10点】

(式)

答え(　　　　　　　　)

目標時間 20分

学習した日　　　月　　　日　　得点

名前

/100点

1565
解説→194ページ

❶ ある分数 $\frac{□}{○}$ の分母と分子に1をたして約分すると $\frac{5}{8}$ になり、分母と分子から1をひいて約分すると $\frac{3}{5}$ になります。もとの分数 $\frac{□}{○}$ を求めるには、どうすればよいでしょうか。以下の(1)〜(5)の手順で考えましょう。

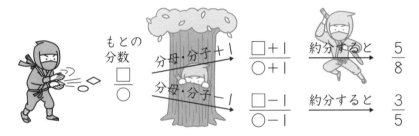

もとの分数 $\frac{□}{○}$

分母・分子＋1 → $\frac{□+1}{○+1}$ 約分すると $\frac{5}{8}$

分母・分子−1 → $\frac{□-1}{○-1}$ 約分すると $\frac{3}{5}$

(1) 約分して $\frac{5}{8}$ になる分数の分子と分母を調べます。分子が小さい順に並ぶように、次の表を完成させましょう。　　　（全部できて20点）

分子(□+1)	5	10				
分母(○+1)	8	16				

(2) 上の表をもとに、もとの分数の分子と分母を調べます。分子が小さい順に並ぶように、次の表を完成させましょう。　（全部できて20点）

分子(□)	4	9				
分母(○)	7	15				

(3) 約分して $\frac{3}{5}$ になる分数の分子と分母を調べます。分子が小さい順に並ぶように、次の表を完成させましょう。　　（全部できて20点）

分子(□−1)	3	6				
分母(○−1)	5	10				

(4) 上の表をもとに、もとの分数の分子と分母を調べます。分子が小さい順に並ぶように、次の表を完成させましょう。　（全部できて20点）

分子(□)	4	7				
分母(○)	6	11				

(5) (2)と(4)の表の中で、共通する□と○の組み合わせを見つけることでわかる、もとの分数を書きましょう。　（20点）

（　　　　　）

65 パズル③

❶ ある分数 $\dfrac{□}{○}$ の分母と分子に1をたして約分すると $\dfrac{5}{8}$ になり、分母と分子から1をひいて約分すると $\dfrac{3}{5}$ になります。もとの分数 $\dfrac{□}{○}$ を求めるには、どうすればよいでしょうか。以下の(1)〜(5)の手順で考えましょう。

(1) 約分して $\dfrac{5}{8}$ になる分数の分子と分母を調べます。分子が小さい順に並ぶように、次の表を完成させましょう。　　　　　(全部できて20点)

分子(□+1)	5	10					
分母(○+1)	8	16					

(2) 上の表をもとに、もとの分数の分子と分母を調べます。分子が小さい順に並ぶように、次の表を完成させましょう。　　　　　(全部できて20点)

分子(□)	4	9					
分母(○)	7	15					

(3) 約分して $\dfrac{3}{5}$ になる分数の分子と分母を調べます。分子が小さい順に並ぶように、次の表を完成させましょう。　　　　　(全部できて20点)

分子(□−1)	3	6					
分母(○−1)	5	10					

(4) 上の表をもとに、もとの分数の分子と分母を調べます。分子が小さい順に並ぶように、次の表を完成させましょう。　　　　　(全部できて20点)

分子(□)	4	7					
分母(○)	6	11					

(5) (2)と(4)の表の中で、共通する□と○の組み合わせを見つけることでわかる、もとの分数を書きましょう。　　　　　(20点)

（　　　　　）

66 平均とその利用 ①

目標時間 20分

学習した日　　　月　　　日

名前

得点 ／100点

1566
解説→194ページ

1 次の計算をしましょう。 1つ7点【42点】

(1) $12+15+18+17+15=$

(2) $27+28+28+26+29=$

(3) $70+88+81+87+84=$

(4) $20+30+35+23+26+25=$

(5) $75+82+74+73+76+74=$

(6) $86+91+90+92+89+87=$

2 家にあるたまごの重さを調べました。
54g、62g、50g、63g、58g、61g
次の問いに答えましょう。 【20点】

(1) 重さの合計は何gですか。 （全部できて10点）

(式)

答え(　　　　　　)

(2) 重さの平均は何gですか。 （全部できて10点）

(式)

答え(　　　　　　)

3 バスケットボールクラブの12人をA、Bの2つのチームに分け、試合をしました。そのときのチームメンバーの得点は次のようになりました。あとの問いに答えましょう。 【30点】
Aチーム：11点、4点、5点、13点、6点、3点
Bチーム：8点、3点、9点、12点、4点、12点

(1) Aチームの得点の合計と平均を求めましょう。 （全部できて10点）

(式)

合計(　　　　　) 平均(　　　　　　　)

(2) Bチームの得点の合計と平均を求めましょう。 （全部できて10点）

(式)

合計(　　　　　) 平均(　　　　　　　)

(3) クラブ全体の得点の平均を求めましょう。 （全部できて10点）

(式)

答え(　　　　　　　)

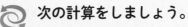 次の計算をしましょう。 1つ4点【8点】

(1) $\dfrac{1}{2}+\dfrac{1}{3}+\dfrac{1}{6}=$

(2) $\dfrac{7}{18}+\dfrac{2}{9}+\dfrac{5}{36}=$

66 平均とその利用 ①

 目標時間 20分

学習した日　　　月　　　日　　　得点

名前　　　　　　　　　　　　　　／100点

1566
解説→194ページ

❶ 次の計算をしましょう。　　　　　　　　　　1つ7点【42点】

(1)　12＋15＋18＋17＋15＝

(2)　27＋28＋28＋26＋29＝

(3)　70＋88＋81＋87＋84＝

(4)　20＋30＋35＋23＋26＋25＝

(5)　75＋82＋74＋73＋76＋74＝

(6)　86＋91＋90＋92＋89＋87＝

❷ 家にあるたまごの重さを調べました。
54g、62g、50g、63g、58g、61g
次の問いに答えましょう。　　　　　　　　　【20点】

(1)　重さの合計は何gですか。　　　　　（全部できて10点）

　　（式）

　　　　　　　　　　　　　　答え（　　　　　　　）

(2)　重さの平均は何gですか。　　　　　（全部できて10点）

　　（式）

　　　　　　　　　　　　　　答え（　　　　　　　）

❸ バスケットボールクラブの12人をA、Bの2つのチームに分け、試合をしました。そのときのチームメンバーの得点は次のようになりました。あとの問いに答えましょう。　　　　　　　　　　　【30点】

Aチーム：11点、4点、5点、13点、6点、3点
Bチーム：8点、3点、9点、12点、4点、12点

(1)　Aチームの得点の合計と平均を求めましょう。　（全部できて10点）

　　（式）

　　　　　　合計（　　　　　　）　平均（　　　　　　）

(2)　Bチームの得点の合計と平均を求めましょう。　（全部できて10点）

　　（式）

　　　　　　合計（　　　　　　）　平均（　　　　　　）

(3)　クラブ全体の得点の平均を求めましょう。　（全部できて10点）

　　（式）　　　　　　　　　　　　答え（　　　　　　）

 次の計算をしましょう。　　　　1つ4点【8点】
スパイラルコーナー

(1)　$\dfrac{1}{2}+\dfrac{1}{3}+\dfrac{1}{6}=$

(2)　$\dfrac{7}{18}+\dfrac{2}{9}+\dfrac{5}{36}=$

目標時間 ⏱ 20分

学習した日　　　月　　　日　　得点

名前

／100点

1567 解説→195ページ

① 玉ねぎ6個の重さをはかったら、次のようになりました。
195g、192g、195g、196g、195g、197g
次の問いに答えましょう。　【40点】

(1) 6個の重さの平均を求めましょう。 （全部できて15点）

（式）

答え（　　　　　　）

(2) いちばん軽い192gをもとにして、192gとの差を書くと以下のようになります。 （全部できて15点）

3g、0g、3g、4g、3g、5g
これらの平均を求めましょう。

（式）

答え（　　　　　　）

(3) もとにした192gと(2)で求めた平均を使って、玉ねぎ6個の重さの平均を求めましょう。 （全部できて10点）

（式）

答え（　　　　　　）

② 次のデータは、7人のゲームの点数です。 【40点】
A…82点、B…86点、C…72点、D…73点
E…90点、F…89点、G…75点

(1) いちばん低い72点をもとにして、72点との差を書きましょう。 （全部できて15点）

A（　　　）　B（　　　）　C（　　　）　D（　　　）
E（　　　）　F（　　　）　G（　　　）

(2) (1)の差の平均を求めましょう。 （全部できて15点）

（式）

答え（　　　　　　）

(3) 7人の点数の平均を求めましょう。 （全部できて10点）

（式）

答え（　　　　　　）

 次の計算をしましょう。 1つ10点【20点】

スパイラル コーナー

(1) $\dfrac{1}{6} + \dfrac{1}{7} + \dfrac{1}{3} =$

(2) $\dfrac{5}{16} + \dfrac{3}{8} + \dfrac{1}{4} =$

67 平均とその利用 ②

目標時間 ⏱ 20分

📝 学習した日　　　月　　　日

名前

得点　／100点

1567
解説→195ページ

---

❶ 玉ねぎ6個の重さをはかったら、次のようになりました。　【40点】

195g、192g、195g、196g、195g、197g
次の問いに答えましょう。

(1) 6個の重さの平均を求めましょう。　（全部できて15点）

（式）

答え（　　　　　　　）

(2) いちばん軽い192gをもとにして、192gとの差を書くと以下の
ようになります。　（全部できて15点）

3g、0g、3g、4g、3g、5g
これらの平均を求めましょう。

（式）

答え（　　　　　　　）

(3) もとにした192gと(2)で求めた平均を使って、玉ねぎ6個の重さ
の平均を求めましょう。　（全部できて10点）

（式）

答え（　　　　　　　）

---

❷ 次のデータは、7人のゲームの点数です。　【40点】

A…82点、B…86点、C…72点、D…73点
E…90点、F…89点、G…75点

(1) いちばん低い72点をもとにして、72点との差を書きましょう。
　（全部できて15点）

A（　　　　）　B（　　　　）　C（　　　　）　D（　　　　）
E（　　　　）　F（　　　　）　G（　　　　）

(2) (1)の差の平均を求めましょう。　（全部できて15点）

（式）

答え（　　　　　　　）

(3) 7人の点数の平均を求めましょう。　（全部できて10点）

（式）

答え（　　　　　　　）

 次の計算をしましょう。　1つ10点【20点】

スパイラル
コーナー

(1) $\frac{1}{6} + \frac{1}{7} + \frac{1}{3} =$

(2) $\frac{5}{16} + \frac{3}{8} + \frac{1}{4} =$

68 単位量あたりの大きさ ①

✎ 学習した日　　　月　　　日　　名前　　　得点 ／100点

1568
解説→195ページ

1 次の数を求めましょう。　　　　　　　　　　【30点】

(1) １箱12本入りで816円のえん筆１本あたりのねだん　（全部できて10点）

(式)

答え（　　　　　　）

(2) 15まいで300円のカード１まいあたりのねだん　（全部できて10点）

(式)

答え（　　　　　　）

(3) 20m²の部屋に６人がいるときの１m²あたりの人数　（全部できて10点）

(式)

答え（　　　　　　）

2 ゆうとさんは60mを10秒で走りました。ひろとさんは80mを16秒で走りました。　　　　　　　　　　【30点】

(1) ゆうとさんは１秒間に何m走りましたか。　（全部できて10点）

(式)

答え（　　　　　　）

(2) ひろとさんは１秒間に何m走りましたか。　（全部できて10点）

(式)

答え（　　　　　　）

(3) １秒間あたりに進むきょりを比べることにより、走るのが速いのはどちらといえますか。　（10点）

（　　　　　　）さん

3 自動車Aはガソリン7Lで56km走ります。自動車Bはガソリン9Lで81km走ります。　　　　　　【30点】

(1) 自動車Aはガソリン１Lで何km走りますか。　（全部できて10点）

(式)

答え（　　　　　　）

(2) 自動車Bはガソリン１Lで何km走りますか。　（全部できて10点）

(式)

答え（　　　　　　）

(3) ガソリン１Lでたくさん走る自動車はA、Bのどちらになりますか。　（10点）

（　　　　　　）

 次の計算をしましょう。　　　1つ5点【10点】

スパイラルコーナー

(1) $\dfrac{2}{3} - \dfrac{3}{8} - \dfrac{1}{4} =$

(2) $\dfrac{11}{12} - \dfrac{1}{9} - \dfrac{1}{3} =$

68 単位量あたりの大きさ ①

目標時間 ⏱ 20分

✏ 学習した日　　　月　　　日　　得点

名前

／100点

1568
解説→195ページ

---

❶ 次の数を求めましょう。 【30点】

(1) 1箱12本入りで816円のえん筆1本あたりのねだん （全部できて10点）

(式)

答え（　　　　　　）

(2) 15まいで300円のカード1まいあたりのねだん （全部できて10点）

(式)

答え（　　　　　　）

(3) 20m²の部屋に6人がいるときの1m²あたりの人数 （全部できて10点）

(式)

答え（　　　　　　）

❷ ゆうとさんは60mを10秒で走りました。ひろとさんは80mを16秒で走りました。 【30点】

(1) ゆうとさんは1秒間に何m走りましたか。 （全部できて10点）

(式)

答え（　　　　　　）

(2) ひろとさんは1秒間に何m走りましたか。 （全部できて10点）

(式)

答え（　　　　　　）

(3) 1秒間あたりに進むきょりを比べることにより、走るのが速いのはどちらといえますか。 （10点）

（　　　　　　）さん

---

❸ 自動車Aはガソリン7Lで56km走ります。自動車Bはガソリン9Lで81km走ります。 【30点】

(1) 自動車Aはガソリン1Lで何km走りますか。 （全部できて10点）

(式)

答え（　　　　　　）

(2) 自動車Bはガソリン1Lで何km走りますか。 （全部できて10点）

(式)

答え（　　　　　　）

(3) ガソリン1Lでたくさん走る自動車はA、Bのどちらになりますか。 （10点）

（　　　　　　）

 次の計算をしましょう。 1つ5点【10点】

スパイラルコーナー

(1) $\dfrac{2}{3} - \dfrac{3}{8} - \dfrac{1}{4} =$

(2) $\dfrac{11}{12} - \dfrac{1}{9} - \dfrac{1}{3} =$

❶ 次の表は、A市、B市、C市、D市の土地の面積と人口を表したものです。 【50点】

	面積（km²）	人口（人）
A市	557	1500000
B市	51	454000
C市	534	522000
D市	18	93000

(1) 次の市の人口密度を、四捨五入して、一の位までのがい数で求めましょう。 （40点）

①A市 （全部できて10点）

（式）

答え（　　　　　　　）

②B市 （全部できて10点）

（式）

答え（　　　　　　　）

③C市 （全部できて10点）

（式）

答え（　　　　　　　）

④D市 （全部できて10点）

（式）

答え（　　　　　　　）

(2) 1km²あたりの人口がいちばん多いのはどの市ですか。 （10点）

（　　　　　　　）

❷ 3つのお店で売られている玉ねぎのねだんを調べました。 【40点】
A店：7個で875円
B店：10個で1150円
C店：15個で1575円

(1) A店の玉ねぎ1個あたりのねだんを求めましょう。 （全部できて10点）

（式）

答え（　　　　　　　）

(2) B店の玉ねぎ1個あたりのねだんを求めましょう。 （全部できて10点）

（式）

答え（　　　　　　　）

(3) C店の玉ねぎ1個あたりのねだんを求めましょう。 （全部できて10点）

（式）

答え（　　　　　　　）

(4) 1個あたりのねだんがいちばん安いのはどの店の玉ねぎですか。 （10点）

（　　　　　　　）

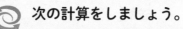 次の計算をしましょう。 1つ5点【10点】

スパイラルコーナー

(1) $\dfrac{1}{3} + \dfrac{1}{7} - \dfrac{1}{6} =$

(2) $\dfrac{5}{6} - \dfrac{3}{4} + \dfrac{1}{2} =$

69 単位量あたりの大きさ ②

学習した日　　　月　　　日

名前

得点　　／100点

1569
解説→195ページ

❶ 次の表は、A市、B市、C市、D市の土地の面積と人口を表したものです。　【50点】

	面積(km²)	人口(人)
A市	557	1500000
B市	51	454000
C市	534	522000
D市	18	93000

(1) 次の市の人口密度を、四捨五入して、一の位までのがい数で求めましょう。　（40点）

① A市　（全部できて10点）

（式）

答え（　　　　　　）

② B市　（全部できて10点）

（式）

答え（　　　　　　）

③ C市　（全部できて10点）

（式）

答え（　　　　　　）

④ D市　（全部できて10点）

（式）

答え（　　　　　　）

(2) 1km²あたりの人口がいちばん多いのはどの市ですか。　（10点）

（　　　　　　）

❷ 3つのお店で売られている玉ねぎのねだんを調べました。　【40点】

A店：7個で875円

B店：10個で1150円

C店：15個で1575円

(1) A店の玉ねぎ1個あたりのねだんを求めましょう。　（全部できて10点）

（式）

答え（　　　　　　）

(2) B店の玉ねぎ1個あたりのねだんを求めましょう。　（全部できて10点）

（式）

答え（　　　　　　）

(3) C店の玉ねぎ1個あたりのねだんを求めましょう。　（全部できて10点）

（式）

答え（　　　　　　）

(4) 1個あたりのねだんがいちばん安いのはどの店の玉ねぎですか。　（10点）

（　　　　　　）

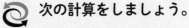

次の計算をしましょう。　1つ5点【10点】

(1) $\dfrac{1}{3} + \dfrac{1}{7} - \dfrac{1}{6} =$

(2) $\dfrac{5}{6} - \dfrac{3}{4} + \dfrac{1}{2} =$

学習した日　　　月　　　日　　得点

名前

／100点

1570
解説→196ページ

❶ A店、B店、C店の3つのお店でそれぞれ6個ずつ買ったたまごの重さをはかりました。その結果は次の通りです。あとの問いに答えましょう。　【40点】

A店：53g、51g、54g、55g、47g、46g
B店：47g、50g、51g、52g、50g、44g
C店：49g、48g、45g、51g、54g、53g

(1) A店のたまごの重さの合計と平均を求めましょう。　（全部できて10点）

（式）

合計（　　　　　）　平均（　　　　　）

(2) B店のたまごの重さの合計と平均を求めましょう。　（全部できて10点）

（式）

合計（　　　　　）　平均（　　　　　）

(3) C店のたまごの重さの合計と平均を求めましょう。　（全部できて10点）

（式）

合計（　　　　　）　平均（　　　　　）

(4) 買ったたまご全体の重さの平均を求めましょう。　（全部できて10点）

（式）

答え（　　　　　）

❷ 次の数を求めましょう。　【30点】

(1) 10本で1100円のボールペン1本あたりのねだん　（全部できて10点）

（式）

答え（　　　　　）

(2) 6個で1740円のリンゴ1個あたりのねだん　（全部できて10点）

（式）

答え（　　　　　）

(3) コップではかった水12はい分が2640mLのときのコップ1ぱい分の水の量　（全部できて10点）

（式）

答え（　　　　　）

❸ そうたさんは8歩で480cm、ゆうきさんは12歩で660cm進みました。　【30点】

(1) そうたさんが1歩で進むきょりは何cmですか。　（全部できて10点）

（式）

答え（　　　　　）

(2) ゆうきさんが1歩で進むきょりは何cmですか。　（全部できて10点）

（式）

答え（　　　　　）

(3) 1歩で多く進むのはそうたさん、ゆうきさんのどちらになりますか。

（10点）　（　　　　　）さん

70 まとめのテスト⑪

目標時間 ⏱ 20分

✎ 学習した日　　　月　　　日　　　得点

名前

／100点

1570
解説→196ページ

❶ A店、B店、C店の３つのお店でそれぞれ６個ずつ買ったたまごの重さをはかりました。その結果は次の通りです。あとの問いに答えましょう。　【40点】

A店：53g、51g、54g、55g、47g、46g
B店：47g、50g、51g、52g、50g、44g
C店：49g、48g、45g、51g、54g、53g

(1) A店のたまごの重さの合計と平均を求めましょう。　（全部できて10点）

（式）

合計(　　　　　) 平均(　　　　　)

(2) B店のたまごの重さの合計と平均を求めましょう。　（全部できて10点）

（式）

合計(　　　　　) 平均(　　　　　)

(3) C店のたまごの重さの合計と平均を求めましょう。　（全部できて10点）

（式）

合計(　　　　　) 平均(　　　　　)

(4) 買ったたまご全体の重さの平均を求めましょう。　（全部できて10点）

（式）

答え(　　　　　)

❷ 次の数を求めましょう。　【30点】

(1) 10本で1100円のボールペン1本あたりのねだん　（全部できて10点）

（式）

答え(　　　　　)

(2) 6個で1740円のリンゴ1個あたりのねだん　（全部できて10点）

（式）

答え(　　　　　)

(3) コップではかった水12はい分が2640mLのときのコップ1ぱい分の水の量　（全部できて10点）

（式）

答え(　　　　　)

❸ そうたさんは8歩で480cm、ゆうきさんは12歩で660cm進みました。　【30点】

(1) そうたさんが1歩で進むきょりは何cmですか。　（全部できて10点）

（式）

答え(　　　　　)

(2) ゆうきさんが1歩で進むきょりは何cmですか。　（全部できて10点）

（式）

答え(　　　　　)

(3) 1歩で多く進むのはそうたさん、ゆうきさんのどちらになりますか。
（10点） (　　　　　)さん

❶ 全校児童400人の小学校について、いろいろな人数を調べました。
男子児童…180人　　女子児童…220人
5年生の男子児童…36人　　5年生の女子児童…44人
次の割合を求めましょう。 【60点】

(1) 全校児童をもとにした男子児童の割合 （全部できて10点）

（式）

答え（　　　　　）

(2) 全校児童をもとにした女子児童の割合 （全部できて10点）

（式）

答え（　　　　　）

(3) 男子児童をもとにした5年生の男子児童の割合 （全部できて10点）

（式）

答え（　　　　　）

(4) 女子児童をもとにした5年生の女子児童の割合 （全部できて10点）

（式）

答え（　　　　　）

(5) 全校児童をもとにした5年生の男子児童の割合 （全部できて10点）

（式）

答え（　　　　　）

(6) 全校児童をもとにした5年生の女子児童の割合 （全部できて10点）

（式）

答え（　　　　　）

❷ 赤い玉60個、青い玉90個、白い玉150個の合計300個の玉を1つのふくろに入れました。ふくろの玉300個をもとにしたときの次の割合を求めましょう。 【30点】

(1) 赤い玉の割合 （全部できて10点）

（式）

答え（　　　　　）

(2) 青い玉の割合 （全部できて10点）

（式）

答え（　　　　　）

(3) 白い玉の割合 （全部できて10点）

（式）

答え（　　　　　）

🔄 次の計算をしましょう。 1つ5点【10点】
スパイラル
コーナー
(1) $84+84+89+95+85+98+94=$

(2) $145+150+135+141+136+146+147=$

71 割合①

目標時間 20分

学習した日　　月　　日

名前

得点　／100点

解説→196ページ
1571

❶ 全校児童400人の小学校について、いろいろな人数を調べました。

男子児童…180人　　女子児童…220人

5年生の男子児童…36人　　5年生の女子児童…44人

次の割合を求めましょう。 【60点】

(1) 全校児童をもとにした男子児童の割合 （全部できて10点）

（式）

答え（　　　　　）

(2) 全校児童をもとにした女子児童の割合 （全部できて10点）

（式）

答え（　　　　　）

(3) 男子児童をもとにした5年生の男子児童の割合 （全部できて10点）

（式）

答え（　　　　　）

(4) 女子児童をもとにした5年生の女子児童の割合 （全部できて10点）

（式）

答え（　　　　　）

(5) 全校児童をもとにした5年生の男子児童の割合 （全部できて10点）

（式）

答え（　　　　　）

(6) 全校児童をもとにした5年生の女子児童の割合 （全部できて10点）

（式）

答え（　　　　　）

❷ 赤い玉60個、青い玉90個、白い玉150個の合計300個の玉を1つのふくろに入れました。ふくろの玉300個をもとにしたときの次の割合を求めましょう。 【30点】

(1) 赤い玉の割合 （全部できて10点）

（式）

答え（　　　　　）

(2) 青い玉の割合 （全部できて10点）

（式）

答え（　　　　　）

(3) 白い玉の割合 （全部できて10点）

（式）

答え（　　　　　）

 次の計算をしましょう。 1つ5点【10点】

スパイラルコーナー

(1) $84+84+89+95+85+98+94=$

(2) $145+150+135+141+136+146+147=$

72 割合 ②

目標時間 20分

学習した日　　　月　　　日　　得点

名前

／100点

1572
解説→196ページ

1 はるとさんはブロックを200個、かえでさんはブロックを240個持っています。次の個数を求めましょう。　【60点】

(1) はるとさんが持っているブロックの0.4倍　（全部できて10点）

（式）

答え（　　　　　　　）

(2) はるとさんが持っているブロックの0.42倍　（全部できて10点）

（式）

答え（　　　　　　　）

(3) はるとさんが持っているブロックの0.73倍　（全部できて10点）

（式）

答え（　　　　　　　）

(4) かえでさんが持っているブロックの0.3倍　（全部できて10点）

（式）

答え（　　　　　　　）

(5) かえでさんが持っているブロックの0.45倍　（全部できて10点）

（式）

答え（　　　　　　　）

(6) かえでさんが持っているブロックの0.85倍　（全部できて10点）

（式）

答え（　　　　　　　）

2 ある小学校の昨年の男子児童は190人、女子児童は210人でした。今年は男子児童が1.1倍、女子児童が0.9倍になりました。次の問いに答えましょう。　【30点】

(1) 今年の男子児童の数は何人ですか。　（全部できて10点）

（式）

答え（　　　　　　　）

(2) 今年の女子児童の数は何人ですか。　（全部できて10点）

（式）

答え（　　　　　　　）

(3) 全校児童数について、今年は昨年の何倍になりましたか。（全部できて10点）

（式）

答え（　　　　　　　）

スパイラルコーナー
10まいのコインを投げ、表が出たまい数を記録します。6回行った結果は次のようになりました。

8まい、7まい、3まい、4まい、7まい、10まい

6回の結果の平均を求めましょう。　【全部できて10点】

（式）

答え（　　　　　　　）

72 わりあい
割合 ②

目標時間
⏱
20分

学習した日　　　月　　　日

名前

得点

／100点

1572
解説→196ページ

❶ はるとさんはブロックを200個、かえでさんはブロックを240個持っています。次の個数を求めましょう。　【60点】

(1) はるとさんが持っているブロックの0.4倍　（全部できて10点）

(式)

答え（　　　　　　　）

(2) はるとさんが持っているブロックの0.42倍　（全部できて10点）

(式)

答え（　　　　　　　）

(3) はるとさんが持っているブロックの0.73倍　（全部できて10点）

(式)

答え（　　　　　　　）

(4) かえでさんが持っているブロックの0.3倍　（全部できて10点）

(式)

答え（　　　　　　　）

(5) かえでさんが持っているブロックの0.45倍　（全部できて10点）

(式)

答え（　　　　　　　）

(6) かえでさんが持っているブロックの0.85倍　（全部できて10点）

(式)

答え（　　　　　　　）

❷ ある小学校の昨年の男子児童は190人、女子児童は210人でした。今年は男子児童が1.1倍、女子児童が0.9倍になりました。次の問いに答えましょう。　【30点】

(1) 今年の男子児童の数は何人ですか。　（全部できて10点）

(式)

答え（　　　　　　　）

(2) 今年の女子児童の数は何人ですか。　（全部できて10点）

(式)

答え（　　　　　　　）

(3) 全校児童数について、今年は昨年の何倍になりましたか。（全部できて10点）

(式)

答え（　　　　　　　）

スパイラルコーナー

10まいのコインを投げ、表が出たまい数を記録します。6回行った結果は次のようになりました。

8まい、7まい、3まい、4まい、7まい、10まい

6回の結果の平均を求めましょう。　【全部できて10点】

(式)

答え（　　　　　　　）

73 わりあい **割合 ③**

目標時間 20分

学習した日　　　月　　　日

名前

得点　／100点

1573
解説→197ページ

❶ 公園のすな場の面積は 25m² で、これは公園の面積の 0.02 倍になります。公園の面積は何 m² ですか。　【全部できて10点】

（式）

答え（　　　　　　　）

❷ テープの長さの 0.12 倍を切り取ると 24cm でした。もとのテープの長さは何 cm ですか。　【全部できて10点】

（式）

答え（　　　　　　　）

❸ ミカンとリンゴがあります。ミカンの数は 36 個で、これはリンゴの数の 1.5 倍にあたります。リンゴの数は何個ですか。　【全部できて10点】

（式）

答え（　　　　　　　）

❹ あるクラスの今日の欠席者は 6 人で、これはクラスの人数の 0.15 倍にあたります。クラスの人数は何人ですか。　【全部できて10点】

（式）

答え（　　　　　　　）

❺ ある動物園の子どもの入園料は 200 円で、これは大人の入園料の 0.4 倍になります。大人の入園料は何円ですか。　【全部できて10点】

（式）

答え（　　　　　　　）

❻ さきさんはおはじきを 8 個持っています。これはケースに入っているおはじきの数の 0.05 倍です。ケースに入っているおはじきの数は何個ですか。　【全部できて10点】

（式）

答え（　　　　　　　）

❼ しょうさんは家から学校まで歩いています。家からと中の公園までの道のりは 200m で、これは家から学校までの道のりの 0.2 倍になります。家から学校までの道のりは何 m ですか。　【全部できて10点】

（式）

答え（　　　　　　　）

❽ 校舎のかげの長さをはかると 3m でした。これは校舎の高さの 0.2 倍にあたります。校舎の高さは何 m ですか。　【全部できて10点】

（式）

答え（　　　　　　　）

 次の数を求めましょう。　【20点】

スパイラルコーナー
(1) 6 個で 732g のリンゴ 1 個あたりの重さ　（全部できて10点）

（式）

答え（　　　　　　　）

(2) 5 本で 285 円のナス 1 本あたりのねだん　（全部できて10点）

（式）

答え（　　　　　　　）

73 わりあい **割合 ③**

目標時間 ⏱ **20分**

得点 ／100点

1573
解説→197ページ

❶ 公園のすな場の面積は25m²で、これは公園の面積の0.02倍になります。公園の面積は何m²ですか。　【全部できて10点】

（式）

答え（　　　　　　　　）

❷ テープの長さの0.12倍を切り取ると24cmでした。もとのテープの長さは何cmですか。　【全部できて10点】

（式）

答え（　　　　　　　　）

❸ ミカンとリンゴがあります。ミカンの数は36個で、これはリンゴの数の1.5倍にあたります。リンゴの数は何個ですか。　【全部できて10点】

（式）

答え（　　　　　　　　）

❹ あるクラスの今日の欠席者は6人で、これはクラスの人数の0.15倍にあたります。クラスの人数は何人ですか。　【全部できて10点】

（式）

答え（　　　　　　　　）

❺ ある動物園の子どもの入園料は200円で、これは大人の入園料の0.4倍になります。大人の入園料は何円ですか。　【全部できて10点】

（式）

答え（　　　　　　　　）

❻ さきさんはおはじきを8個持っています。これはケースに入っているおはじきの数の0.05倍です。ケースに入っているおはじきの数は何個ですか。　【全部できて10点】

（式）

答え（　　　　　　　　）

❼ しょうさんは家から学校まで歩いています。家からと中の公園までの道のりは200mで、これは家から学校までの道のりの0.2倍になります。家から学校までの道のりは何mですか。　【全部できて10点】

（式）

答え（　　　　　　　　）

❽ 校舎のかげの長さをはかると3mでした。これは校舎の高さの0.2倍にあたります。校舎の高さは何mですか。　【全部できて10点】

（式）

答え（　　　　　　　　）

 次の数を求めましょう。　【20点】

スパイラルコーナー

(1) 6個で732gのリンゴ1個あたりの重さ　（全部できて10点）

（式）

答え（　　　　　　　　）

(2) 5本で285円のナス1本あたりのねだん　（全部できて10点）

（式）

答え（　　　　　　　　）

74 わりあい **割合 ④**

目標時間 ⏱ **20分**

学習した日　　月　　日　　得点

名前

／100点

1574
解説→197ページ

❶ 次の割合を表す小数を百分率で、百分率を小数で表しましょう。

1つ3点【60点】

(1) $0.2=$

(2) $0.8=$

(3) $0.4=$

(4) $0.99=$

(5) $0.04=$

(6) $0.74=$

(7) $0.88=$

(8) $0.46=$

(9) $0.22=$

(10) $0.69=$

(11) $30\%=$

(12) $40\%=$

(13) $10\%=$

(14) $86\%=$

(15) $57\%=$

(16) $68\%=$

(17) $93\%=$

(18) $33\%=$

(19) $36\%=$

(20) $13\%=$

❷ ある品物がもとのねだんの20%引きで売られていて、ねだんは1600円でした。次の問いに答えましょう。

【20点】

(1) 20%を小数で表しましょう。 (5点)

（　　　　　　　　）

(2) もとのねだんは何円ですか。 (全部できて15点)

（式）

答え（　　　　　　　）

❸ ある品物の30%引きのねだんが2100円でした。もとのねだんは何円ですか。

【全部できて10点】

（式）

答え（　　　　　　　）

🔄 スパイラルコーナー 面積と人口が次のような都市の人口密度を、四捨五入して、一の位までのがい数で求めましょう。 【10点】

(1) 面積225km²、人口2700000人 (全部できて5点)

（式）

答え（　　　　　　　）

(2) 面積830km²、人口1400000人 (全部できて5点)

（式）

答え（　　　　　　　）

74 わりあい **割合 ④**

目標時間 ⏱ **20分**

✎ 学習した日　　　月　　　日

名前

得点 ／100点

1574
解説→197ページ

---

❶ 次の割合を表す小数を百分率で、百分率を小数で表しましょう。

1つ3点【60点】

(1) 0.2＝

(2) 0.8＝

(3) 0.4＝

(4) 0.99＝

(5) 0.04＝

(6) 0.74＝

(7) 0.88＝

(8) 0.46＝

(9) 0.22＝

(10) 0.69＝

(11) 30％＝

(12) 40％＝

(13) 10％＝

(14) 86％＝

(15) 57％＝

(16) 68％＝

(17) 93％＝

(18) 33％＝

(19) 36％＝

(20) 13％＝

---

❷ ある品物がもとのねだんの20％引きで売られていて、ねだんは1600円でした。次の問いに答えましょう。

【20点】

(1) 20％を小数で表しましょう。　　　　　　　　　　　(5点)

（　　　　　　　　）

(2) もとのねだんは何円ですか。　　　　　　　(全部できて15点)

（式）

答え（　　　　　　　　）

---

❸ ある品物の30％引きのねだんが2100円でした。もとのねだんは何円ですか。

【全部できて10点】

（式）

答え（　　　　　　　　）

スパイラルコーナー

面積と人口が次のような都市の人口密度を、四捨五入して、一の位までのがい数で求めましょう。

【10点】

(1) 面積225km²、人口2700000人　　　　　(全部できて5点)

（式）

答え（　　　　　　　　）

(2) 面積830km²、人口1400000人　　　　　(全部できて5点)

（式）

答え（　　　　　　　　）

75 まとめのテスト⓬

目標時間 20分

学習した日　　月　　日　　得点

名前　　　　　　　　　／100点

1575
解説→198ページ

❶ 次の割合を表す小数を百分率で、百分率を小数で表しましょう。

1つ5点【30点】

(1) 0.2＝

(2) 80％＝

(3) 0.4＝

(4) 99％＝

(5) 0.04＝

(6) 74％＝

❷ 黒い玉60個、白い玉90個の合計150個の玉を1つのふくろに入れました。ふくろの玉150個をもとにしたときの次の割合を求めましょう。

【20点】

(1) 黒い玉の割合

(全部できて10点)

(式)

答え(　　　　　)

(2) 白い玉の割合

(全部できて10点)

(式)

答え(　　　　　)

❸ ねだんが260円の商品が、125％のねだんにね上がりしました。次の問いに答えましょう。

【20点】

(1) 125％を小数で表しましょう。

(10点)

(　　　　　)

(2) ね上がりしたあとのねだんは何円ですか。

(全部できて10点)

(式)

答え(　　　　　)

❹ 本を42ページ読みました。これはこの本の全部のページ数の0.21倍にあたります。この本の全部のページ数を求めましょう。

【全部できて15点】

(式)

答え(　　　　　)

❺ 1560円の品物が売られていました。これはもとのねだんから30％のね上げをしているそうです。もとのねだんは何円ですか。【全部できて15点】

(式)

答え(　　　　　)

75 まとめのテスト⑫

目標時間
⏱
20分

らくらくマルつけ

📖 学習した日　　　　月　　　　日

名前

得点
／100点

1575 解説→198ページ

❶ 次の割合を表す小数を百分率で、百分率を小数で表しましょう。

1つ5点【30点】

(1) 0.2＝

(2) 80％＝

(3) 0.4＝

(4) 99％＝

(5) 0.04＝

(6) 74％＝

❷ 黒い玉60個、白い玉90個の合計150個の玉を1つのふくろに入れました。ふくろの玉150個をもとにしたときの次の割合を求めましょう。

【20点】

(1) 黒い玉の割合　　　　　　　　　　（全部できて10点）

（式）

答え（　　　　　　）

(2) 白い玉の割合　　　　　　　　　　（全部できて10点）

（式）

答え（　　　　　　）

❸ ねだんが260円の商品が、125％のねだんにね上がりしました。次の問いに答えましょう。

【20点】

(1) 125％を小数で表しましょう。　　　　　　（10点）

（　　　　　　）

(2) ね上がりしたあとのねだんは何円ですか。　（全部できて10点）

（式）

答え（　　　　　　）

❹ 本を42ページ読みました。これはこの本の全部のページ数の0.21倍にあたります。この本の全部のページ数を求めましょう。

【全部できて15点】

（式）

答え（　　　　　　）

❺ 1560円の品物が売られていました。これはもとのねだんから30％のね上げをしているそうです。もとのねだんは何円ですか。【全部できて15点】

（式）

答え（　　　　　　）

76 速さ①

目標時間 ⏱ 20分

学習した日　　　月　　　日

名前

得点　／100点

1576
解説→198ページ

① 次の◯◯◯にあてはまる数を書きましょう。

1つ6点【60点】

(1) 420mを7分で歩いたときの分速は [　　　] m

(2) 車で150kmを3時間で進んだときの時速は [　　　] km

(3) 鳥が200mを10秒で飛んだときの秒速は [　　　] m

(4) 2kmを40分で歩いたときの分速は [　　　] m

(5) 9kmを1時間で走ったときの分速は [　　　] m

(6) 電車が144kmを2時間で進んだときの秒速は [　　　] m

(7) バスで3.6kmを10分で進んだときの秒速は [　　　] m

(8) 100mを20秒で走ったときの時速は [　　　] km

(9) 600mを10分で歩いたときの時速は [　　　] km

(10) 時速900kmの飛行機の分速は [　　　] km

② ひろとさんは、いろいろな動物の移動する速さを調べました。次の表をうめましょう。

1つ2点【24点】

	秒速	分速	時速
ハト	m	m	151.2km
チーター	m	1920m	km
ライオン	22m	m	km
キリン	m	m	50.4km
アフリカゾウ	m	660m	km
小学5年生	6m	m	km

 小学校の校庭で児童が遊んでいます。男子児童が27人、女子児童が23人でした。遊んでいる50人をもとにしたとき、次の割合を求めましょう。

スパイラルコーナー

【16点】

(1) 男子児童の割合　　　　　　　　　　（全部できて8点）

（式）　　　　　　　　　答え（　　　　　　）

(2) 女子児童の割合　　　　　　　　　　（全部できて8点）

（式）　　　　　　　　　答え（　　　　　　）

76 速さ①

目標時間 ⏱ 20分

学習した日　　　月　　　日　　　得点

名前

／100点

1576
解説→198ページ

① 次の◯◯にあてはまる数を書きましょう。　　1つ6点【60点】

(1) 420mを7分で歩いたときの分速は ◻ m

(2) 車で150kmを3時間で進んだときの時速は ◻ km

(3) 鳥が200mを10秒で飛んだときの秒速は ◻ m

(4) 2kmを40分で歩いたときの分速は ◻ m

(5) 9kmを1時間で走ったときの分速は ◻ m

(6) 電車が144kmを2時間で進んだときの秒速は ◻ m

(7) バスで3.6kmを10分で進んだときの秒速は ◻ m

(8) 100mを20秒で走ったときの時速は ◻ km

(9) 600mを10分で歩いたときの時速は ◻ km

(10) 時速900kmの飛行機の分速は ◻ km

② ひろとさんは、いろいろな動物の移動する速さを調べました。次の表をうめましょう。　　1つ2点【24点】

	秒速	分速	時速
ハト	m	m	151.2km
チーター	m	1920m	km
ライオン	22m	m	km
キリン	m	m	50.4km
アフリカゾウ	m	660m	km
小学5年生	6m	m	km

スパイラルコーナー 小学校の校庭で児童が遊んでいます。男子児童が27人、女子児童が23人でした。遊んでいる50人をもとにしたとき、次の割合を求めましょう。　　【16点】

(1) 男子児童の割合　　(全部できて8点)

　(式)　　　　　　　　　答え(　　　　　)

(2) 女子児童の割合　　(全部できて8点)

　(式)　　　　　　　　　答え(　　　　　)

目標時間 20分

❶　次の　　　にあてはまる数を書きましょう。　　1つ6点【60点】

(1)　分速60mで12分歩いたときに進むきょりは　　　　　m

(2)　時速32kmで進むバスが2時間で進むきょりは　　　　　km

(3)　秒速6mで15秒走ったときに進むきょりは　　　　　m

(4)　分速55mで1時間歩いたときに進むきょりは　　　　　m

(5)　秒速30mで進む電車が40分で進むきょりは　　　　　km

(6)　時速324kmで進む新幹線が10秒で進むきょりは　　　　　m

(7)　分速3600mで進む車が20秒で進むきょりは　　　　　m

(8)　秒速12kmで進むロケットが2時間で進むきょりは

　　　　　km

(9)　時速360mで進むカメが17分で進むきょりは　　　　　m

(10)　時速3kmで40分歩いたときに進むきょりは　　　　　km

❷　150mの電車が時速108kmで進んでいます。この電車が電柱を通り過ぎました。通り過ぎるのに何秒かかったかを求めます。ただし、電柱のはばは考えません。次の問いに答えましょう。　　【24点】

電柱

電柱

(1)　この電車は秒速何mですか。　　（7点）

　　　　秒速(　　　　　)m

(2)　電車が電柱を通り過ぎるのに進んだきょりは何mですか。電車の先頭部分が進んだきょりに注目して求めましょう。　　（7点）

　　　　(　　　　　)

(3)　電車が電柱を通り過ぎるのに何秒かかりましたか。　　（全部できて10点）

(式)

　　　　答え(　　　　　)

🔄 ふくろの中に玉が460個入っています。次の数を求めましょう。
スパイラルコーナー　　【16点】

(1)　ふくろの玉の0.6倍の個数　　（全部できて8点）

　　　(式)　　　　答え(　　　　　)

(2)　ふくろの玉の15%の個数　　（全部できて8点）

　　　(式)　　　　答え(　　　　　)

77 速さ②

学習した日　　　月　　　日　　　得点

名前

／100点

1577
解説→199ページ

❶ 次の◻️にあてはまる数を書きましょう。　　1つ6点【60点】

(1) 分速60mで12分歩いたときに進むきょりは ◻️ m

(2) 時速32kmで進むバスが2時間で進むきょりは ◻️ km

(3) 秒速6mで15秒走ったときに進むきょりは ◻️ m

(4) 分速55mで1時間歩いたときに進むきょりは ◻️ m

(5) 秒速30mで進む電車が40分で進むきょりは ◻️ km

(6) 時速324kmで進む新幹線が10秒で進むきょりは ◻️ m

(7) 分速3600mで進む車が20秒で進むきょりは ◻️ m

(8) 秒速12kmで進むロケットが2時間で進むきょりは
◻️ km

(9) 時速360mで進むカメが17分で進むきょりは ◻️ m

(10) 時速3kmで40分歩いたときに進むきょりは ◻️ km

❷ 150mの電車が時速108kmで進んでいます。この電車が電柱を通り過ぎました。通り過ぎるのに何秒かかったかを求めます。ただし、電柱のはばは考えません。次の問いに答えましょう。　　【24点】

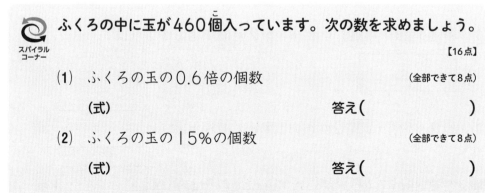

(1) この電車は秒速何mですか。　　(7点)

秒速( )m

(2) 電車が電柱を通り過ぎるのに進んだきょりは何mですか。電車の先頭部分が進んだきょりに注目して求めましょう。　　(7点)

( )

(3) 電車が電柱を通り過ぎるのに何秒かかりましたか。　　(全部できて10点)

(式)

答え( )

🔄 **ふくろの中に玉が460個入っています。次の数を求めましょう。**

スパイラルコーナー
【16点】

(1) ふくろの玉の0.6倍の個数　　(全部できて8点)

(式)　　　　　　　　答え( )

(2) ふくろの玉の15%の個数　　(全部できて8点)

(式)　　　　　　　　答え( )

目標時間 ⏱ 20分

学習した日　　　月　　　日　　　得点

名前

/100点

1578
解説→199ページ

① 次の □ にあてはまる数を書きましょう。　1つ6点【60点】

(1) 分速70mで840mを歩くのにかかる時間は □ 分

(2) 時速35kmで進む車が105km進むのにかかる時間は □ 時間

(3) 秒速7mで49m走るのにかかる時間は □ 秒

(4) 分速600mで進む車が108km進むのにかかる時間は □ 時間

(5) 秒速5mで走る人が12.6km進むのにかかる時間は □ 分

(6) 時速108kmで進む電車が600m進むのにかかる時間は □ 秒

(7) 分速60mで50m歩くのにかかる時間は □ 秒

(8) 秒速20mで進む電車が108km進むのにかかる時間は
□ 時間 □ 分

(9) 時速360kmで進む新幹線が90km進むのにかかる時間は □ 分

(10) 時速162kmで飛んでいくボールが135m進むのにかかる時間は
□ 秒

② 180mの電車が時速144kmで進んでいます。この電車が長さ720mのトンネルに入り始めてから完全に出てくるまでに何秒かかったかを求めます。次の問いに答えましょう。　【30点】

トンネル

トンネル

(1) この電車は秒速何mですか。　（10点）

秒速（　　　　　）m

(2) 電車がトンネルに入り始めてから完全に出てくるまでに進んだきょりは何mですか。電車の先頭部分が進んだきょりに注目して求めましょう。　（全部できて10点）

(式)　　　　　　　　　答え（　　　　　　）

(3) 電車がトンネルを通り過ぎるのに何秒かかりましたか。　（全部できて10点）

(式)　　　　　　　　　答え（　　　　　　）

🔄 スパイラルコーナー　ある品物のねだんは1800円です。20%引きのねだんがいくらになるか求めましょう。　【全部できて10点】

(式)

答え（　　　　　　）

78 速さ③

目標時間 ⏱ 20分

✎ 学習した日　　　月　　　日

名前

得点 ／100点

1578
解説→199ページ

❶ 次の□□□にあてはまる数を書きましょう。

1つ6点【60点】

(1) 分速70mで840mを歩くのにかかる時間は□□□分

(2) 時速35kmで進む車が105km進むのにかかる時間は□□□時間

(3) 秒速7mで49m走るのにかかる時間は□□□秒

(4) 分速600mで進む車が108km進むのにかかる時間は□□□時間

(5) 秒速5mで走る人が12.6km進むのにかかる時間は□□□分

(6) 時速108kmで進む電車が600m進むのにかかる時間は□□□秒

(7) 分速60mで50m歩くのにかかる時間は□□□秒

(8) 秒速20mで進む電車が108km進むのにかかる時間は

□□□時間□□□分

(9) 時速360kmで進む新幹線が90km進むのにかかる時間は□□□分

(10) 時速162kmで飛んでいくボールが135m進むのにかかる時間は

□□□秒

❷ 180mの電車が時速144kmで進んでいます。この電車が長さ720mのトンネルに入り始めてから完全に出てくるまでに何秒かかったかを求めます。次の問いに答えましょう。

【30点】

(1) この電車は秒速何mですか。

(10点)

秒速(　　　　　　)m

(2) 電車がトンネルに入り始めてから完全に出てくるまでに進んだきょりは何mですか。電車の先頭部分が進んだきょりに注目して求めましょう。

(全部できて10点)

(式)　　　　　　　　　　　　答え(　　　　　　　　)

(3) 電車がトンネルを通り過ぎるのに何秒かかりましたか。

(全部できて10点)

(式)　　　　　　　　　　　　答え(　　　　　　　　)

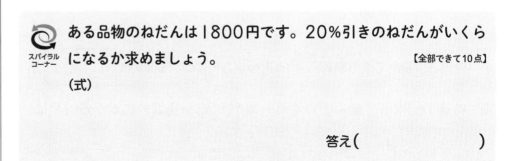

🔄 スパイラルコーナー　ある品物のねだんは1800円です。20％引きのねだんがいくらになるか求めましょう。

【全部できて10点】

(式)

答え(　　　　　　　　)

目標時間 20分

学習した日　　　月　　　日　　得点

名前

／100点

1579
解説→200ページ

らくらく
マルつけ

❶ 次の▢にあてはまる数を書きましょう。 1つ6点【60点】

(1) バスが54kmを1.5時間で進んだときの秒速は▢m

(2) 4.8kmを40分で走ったときの秒速は▢m

(3) 1000mを20分で歩いたときの時速は▢km

(4) 車で9000mを15分で進んだときの時速は▢km

(5) 秒速3mの自転車で40分進むきょりは▢km

(6) 時速900kmで進む飛行機が10秒で進むきょりは▢m

(7) 分速84mで100秒歩いたときに進むきょりは▢m

(8) 秒速15mで進む車が2時間で進むきょりは▢km

(9) 分速1800mで進む電車が54km進むのにかかる時間は▢時間

(10) 秒速1.2mで歩く人が3.6km進むのにかかる時間は▢分

❷ 競走馬の速さと競輪選手が乗る自転車の速さを調べました。あとの問いに答えましょう。 【20点】

	秒速	分速	時速
競走馬	18m	m	km
自転車	m	m	72km

(1) 上の表を完成させましょう。 1つ4点(16点)

(2) 競走馬の速さと競輪選手が乗る自転車の速さではどちらのほうが速いですか。 (4点)

（　　　　　　　）

❸ れんさんは90mを18秒で走りました。ゆうまさんは120mを20秒で走りました。次の問いに答えましょう。 【20点】

(1) れんさんの走る速さは秒速何mですか。 (全部できて10点)

（式）

答え　秒速(　　　　)m

(2) ゆうまさんの走る速さは秒速何mですか。 (全部できて10点)

（式）

答え　秒速(　　　　)m

79 まとめのテスト⓭

目標時間 ⏱ 20分

✎ 学習した日　　月　　日　　得点

名前

／100点

1579
解説→200ページ

❶ 次の ⬚ にあてはまる数を書きましょう。　　1つ6点【60点】

(1) バスが54kmを1.5時間で進んだときの秒速は ⬚ m

(2) 4.8kmを40分で走ったときの秒速は ⬚ m

(3) 1000mを20分で歩いたときの時速は ⬚ km

(4) 車で9000mを15分で進んだときの時速は ⬚ km

(5) 秒速3mの自転車で40分進むきょりは ⬚ km

(6) 時速900kmで進む飛行機が10秒で進むきょりは ⬚ m

(7) 分速84mで100秒歩いたときに進むきょりは ⬚ m

(8) 秒速15mで進む車が2時間で進むきょりは ⬚ km

(9) 分速1800mで進む電車が54km進むのにかかる時間は ⬚ 時間

(10) 秒速1.2mで歩く人が3.6km進むのにかかる時間は ⬚ 分

❷ 競走馬の速さと競輪選手が乗る自転車の速さを調べました。あとの問いに答えましょう。　　【20点】

	秒速	分速	時速
競走馬	18m	m	km
自転車	m	m	72km

(1) 上の表を完成させましょう。　　1つ4点(16点)

(2) 競走馬の速さと競輪選手が乗る自転車の速さではどちらのほうが速いですか。　　(4点)

（　　　　　　　　）

❸ れんさんは90mを18秒で走りました。ゆうまさんは120mを20秒で走りました。次の問いに答えましょう。　　【20点】

(1) れんさんの走る速さは秒速何mですか。　　(全部できて10点)

(式)

答え　秒速（　　　　）m

(2) ゆうまさんの走る速さは秒速何mですか。　　(全部できて10点)

(式)

答え　秒速（　　　　）m

80 パズル④

目標時間 20分

学習した日　　　月　　　日　　　名前

得点　／100点

1580
解説→201ページ

らくらくマルつけ

❶ 速さが分速60mと分速40mの2人が、1周2000mの池の周りにそって進みます。次の　　　にあてはまる数を書きましょう。　1つ10点【60点】

(1) 同じ場所から反対向きに出発するとき、何分後に出会いますか？

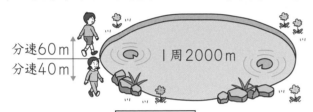

分速60m
分速40m
1周2000m

2人の進む道のりの和が　　　　mになったときに出会います。

2人の道のりの和は毎分　　　　mずつ増えていきます。

このことから、2人が出会うのは　　　　分後です。

(2) 同じ場所から同じ向きに出発するとき、何分後に出会いますか？

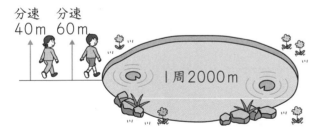

分速40m　分速60m
1周2000m

2人が進む道のりの差が　　　　mになったときに出会います。

2人の道のりの差は毎分　　　　mずつ増えていきます。

このことから、2人が出会うのは　　　　分後です。

❷ 次の4つの場合、2人が出会うのが最も早いのはどれでしょう。あとの　　　にあてはまる記号を書きましょう。　【40点】

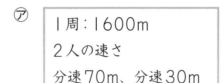

㋐ 1周：1600m
2人の速さ
分速70m、分速30m

㋑ 1周：1800m
2人の速さ
分速80m、分速40m

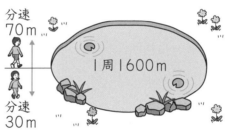

分速70m
分速30m
1周1600m

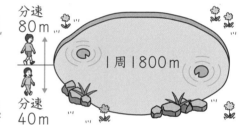

分速80m
分速40m
1周1800m

㋒ 1周：640m
2人の速さ
分速75m、分速35m

㋓ 1周：700m
2人の速さ
分速80m、分速30m

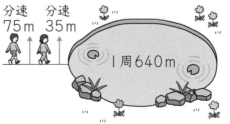

分速75m　分速35m
1周640m

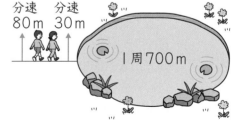

分速80m　分速30m
1周700m

2人が出会うのが最も早いのは　　　　。

\ もう1回チャレンジ!! /

80 パズル④

目標時間 ⏱ 20分

✎ 学習した日　　月　　日

名前

得点

／100点

1580
解説→201ページ

❶ 速さが分速60mと分速40mの2人が、1周2000mの池の周りにそっ
て進みます。次の ☐ にあてはまる数を書きましょう。　1つ10点【60点】

(1) 同じ場所から反対向きに出発するとき、何分後に出会いますか？

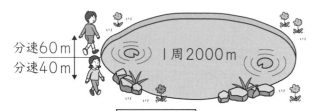

2人の進む道のりの和が ☐ mになったときに出会います。

2人の道のりの和は毎分 ☐ mずつ増えていきます。

このことから、2人が出会うのは ☐ 分後です。

(2) 同じ場所から同じ向きに出発するとき、何分後に出会いますか？

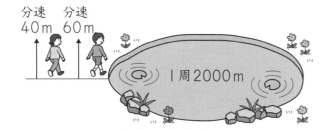

2人が進む道のりの差が ☐ mになったときに出会います。

2人の道のりの差は毎分 ☐ mずつ増えていきます。

このことから、2人が出会うのは ☐ 分後です。

❷ 次の4つの場合、2人が出会うのが最も早いのはどれでしょう。
あとの ☐ にあてはまる記号を書きましょう。　【40点】

㋐
1周：1600m
2人の速さ
分速70m、分速30m

㋑
1周：1800m
2人の速さ
分速80m、分速40m

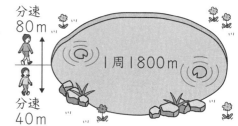

㋒
1周：640m
2人の速さ
分速75m、分速35m

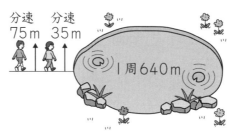

㋓
1周：700m
2人の速さ
分速80m、分速30m

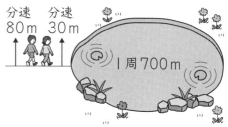

2人が出会うのが最も早いのは ☐ 。

162

目標時間 🕐 **20**分

✎ 学習した日　　　月　　　日

名前

得点　／100点

1581
解説→201ページ

❶ 次の計算をしましょう。　　1つ3点【36点】

(1) $23.6 \times 10 =$

(2) $0.7 \times 10 =$

(3) $0.936 \times 100 =$

(4) $0.745 \times 100 =$

(5) $0.842 \times 1000 =$

(6) $8.337 \times 1000 =$

(7) $25.7 \div 10 =$

(8) $72.3 \div 10 =$

(9) $153 \div 100 =$

(10) $785 \div 100 =$

(11) $954 \div 1000 =$

(12) $8828 \div 1000 =$

❷ 次の問いに答えましょう。　　1つ2点【8点】

(1) $65kL$ は何 m^3 ですか。

（　　　　　　）

(2) $49L$ は何 cm^3 ですか。

（　　　　　　）

(3) $3500cm^3$ は何 dL ですか。

（　　　　　　）

(4) $9000000cm^3$ は何 kL ですか。

（　　　　　　）

❸ 次の数の最小公倍数を書きましょう。　　1つ4点【24点】

(1) 5、7

（　　　　　　）

(2) 2、9

（　　　　　　）

(3) 18、24

（　　　　　　）

(4) 10、35

（　　　　　　）

(5) 12、18、36

（　　　　　　）

(6) 15、24、40

（　　　　　　）

❹ 次の数の最大公約数を書きましょう。　　1つ4点【24点】

(1) 5、15

（　　　　　　）

(2) 12、16

（　　　　　　）

(3) 24、32

（　　　　　　）

(4) 36、60

（　　　　　　）

(5) 12、18、30

（　　　　　　）

(6) 56、72、96

（　　　　　　）

❺ ある数⑦は4、5、6のどの数でわっても2余る数の中で、最も小さい数です。このことから、⑦から2をひいた数は4、5、6のどの数でもわり切れる数の中で最小の数になります。⑦を求めましょう。

【8点】

（　　　　　　）

81 総復習＋先取り①

目標時間
20分

学習した日　　　月　　　日

名前

得点

／100点

1581
解説→201ページ

❶ 次の計算をしましょう。　　　1つ3点【36点】

(1) $23.6 \times 10 =$

(2) $0.7 \times 10 =$

(3) $0.936 \times 100 =$

(4) $0.745 \times 100 =$

(5) $0.842 \times 1000 =$

(6) $8.337 \times 1000 =$

(7) $25.7 \div 10 =$

(8) $72.3 \div 10 =$

(9) $153 \div 100 =$

(10) $785 \div 100 =$

(11) $954 \div 1000 =$

(12) $8828 \div 1000 =$

❷ 次の問いに答えましょう。　　　1つ2点【8点】

(1) $65kL$ は何 m^3 ですか。

（　　　　　　　）

(2) $49L$ は何 cm^3 ですか。

（　　　　　　　）

(3) $3500cm^3$ は何 dL ですか。

（　　　　　　　）

(4) $9000000cm^3$ は何 kL ですか。

（　　　　　　　）

❸ 次の数の最小公倍数を書きましょう。　　　1つ4点【24点】

(1) 5、7

（　　　　　　　）

(2) 2、9

（　　　　　　　）

(3) 18、24

（　　　　　　　）

(4) 10、35

（　　　　　　　）

(5) 12、18、36

（　　　　　　　）

(6) 15、24、40

（　　　　　　　）

❹ 次の数の最大公約数を書きましょう。　　　1つ4点【24点】

(1) 5、15

（　　　　　　　）

(2) 12、16

（　　　　　　　）

(3) 24、32

（　　　　　　　）

(4) 36、60

（　　　　　　　）

(5) 12、18、30

（　　　　　　　）

(6) 56、72、96

（　　　　　　　）

❺ ある数⑦は4、5、6のどの数でわっても2余る数の中で、最も小さい数です。このことから、⑦から2をひいた数は4、5、6のどの数でもわり切れる数の中で最小の数になります。⑦を求めましょう。

【8点】

（　　　　　　　）

82 総復習＋先取り ②

そうふくしゅう

目標時間
⏱ 20分

学習した日　　　月　　　日
名前
得点
／100点

1582
解説→202ページ

❶ 次の筆算をしましょう。　　　　　　　　　　　　　1つ5点【30点】

(1)
```
  5 1.8
×   3.5
```

(2)
```
  6 3.5
×   9.3
```

(3)
```
  7 6.1
×   2.4
```

(4)
```
  0.6 9
×   1.4
```

(5)
```
  0.1 6
×   3.6
```

(6)
```
  0.1 7
×   4.7
```

❷ 次の筆算をしましょう。　　　　　　　　　　　　　1つ6点【18点】

(1)
```
4.4)2.6 4
```

(2)
```
3.4)1.8 7
```

(3)
```
1.6)1 2
```

❸ 7人のグループでゲームをした点数の結果は以下の通りでした。

10点、9点、8点、0点、9点、8点、5点
点数の平均を求めましょう。　　　　　　　　　　　【全部できて10点】

（式）

答え（　　　　　　　）

❹ シグマ工場では5日間で170個の製品を作ります。ベスト工場では7日間で245個の製品を作ります。次の問いに答えましょう。【24点】

(1) シグマ工場は1日あたり何個の製品を作りますか。　（全部できて8点）

（式）　　　　　　　　　　　　答え（　　　　　　　）

(2) ベスト工場は1日あたり何個の製品を作りますか。　（全部できて8点）

（式）　　　　　　　　　　　　答え（　　　　　　　）

(3) 1日あたりに作る製品の数が多いのはどちらといえますか。　（8点）

（　　　　　　　）工場

❺ 6人のなわとびの結果から平均を求めましたが、1人の記録がわからなくなってしまいました。

37回、28回、31回、26回、40回、?回、平均30回
次の問いに答えましょう。　　　　　　　　　　　【18点】

(1) 6人の回数の合計を求めましょう。　　　　（全部できて9点）

（式）　　　　　　　　　　　　答え（　　　　　　　）

(2) 記録がわからない人の回数を求めましょう。　（全部できて9点）

（式）　　　　　　　　　　　　答え（　　　　　　　）

82 総復習＋先取り②

目標時間
20分

学習した日　　　月　　　日

名前

得点
／100点

1582
解説→202ページ

❶ 次の筆算をしましょう。　　　　　　　　　　　　1つ5点【30点】

(1)
```
    5 1.8
×    3.5
```

(2)
```
    6 3.5
×    9.3
```

(3)
```
    7 6.1
×    2.4
```

(4)
```
    0.6 9
×    1.4
```

(5)
```
    0.1 6
×    3.6
```

(6)
```
    0.1 7
×    4.7
```

❷ 次の筆算をしましょう。　　　　　　　　　　　　1つ6点【18点】

(1)
```
4.4)2.6 4
```

(2)
```
3.4)1.8 7
```

(3)
```
1.6)1 2
```

❸ 7人のグループでゲームをした点数の結果は以下の通りでした。

10点、9点、8点、0点、9点、8点、5点

点数の平均を求めましょう。　　　　　　　【全部できて10点】

(式)

答え（　　　　　　　　）

❹ シグマ工場では5日間で170個の製品を作ります。ベスト工場では7日間で245個の製品を作ります。次の問いに答えましょう。【24点】

(1) シグマ工場は1日あたり何個の製品を作りますか。　（全部できて8点）

(式)　　　　　　　　　　　　　答え（　　　　　　　　）

(2) ベスト工場は1日あたり何個の製品を作りますか。　（全部できて8点）

(式)　　　　　　　　　　　　　答え（　　　　　　　　）

(3) 1日あたりに作る製品の数が多いのはどちらといえますか。　（8点）

（　　　　　　　　）工場

❺ 6人のなわとびの結果から平均を求めましたが、1人の記録がわからなくなってしまいました。

37回、28回、31回、26回、40回、？回、平均30回

次の問いに答えましょう。　　　　　　　　　　　【18点】

(1) 6人の回数の合計を求めましょう。　　　　　（全部できて9点）

(式)　　　　　　　　　　　　　答え（　　　　　　　　）

(2) 記録がわからない人の回数を求めましょう。　（全部できて9点）

(式)　　　　　　　　　　　　　答え（　　　　　　　　）

83 総復習＋先取り ③

 学習した日　　　月　　　日　　得点

名前

／100点

---

❶ 次の計算の答えを分数で求めましょう。　　　　1つ6点【18点】

(1) $\dfrac{1}{4}+0.6=$

(2) $\dfrac{1}{5}+0.4=$

(3) $\dfrac{1}{8}+0.8=$

❷ 次の計算をしましょう。　　　　1つ6点【36点】

(1) $\dfrac{1}{5}+\dfrac{2}{9}+\dfrac{1}{6}=$

(2) $\dfrac{5}{24}+\dfrac{5}{18}+\dfrac{1}{6}=$

(3) $\dfrac{5}{7}-\dfrac{1}{9}-\dfrac{1}{3}=$

(4) $\dfrac{9}{10}-\dfrac{1}{6}-\dfrac{17}{30}=$

(5) $\dfrac{1}{2}+\dfrac{2}{7}-\dfrac{3}{14}=$

(6) $\dfrac{11}{18}-\dfrac{5}{12}+\dfrac{5}{36}=$

❸ ある小学校の今年の新入生は去年より5人増えました。これは去年の全校児童数の0.02倍にあたります。去年の全校児童数は何人ですか。　　　　【全部できて7点】

(式)

答え（　　　　　　　）

❹ みなとさんは1500mはなれた学校まで行くのに分速50mで歩きました。帰りは走って帰ったため、行きより15分早く着きました。次の問いに答えましょう。　　　　【18点】

(1) 学校に行くのにかかった時間は何分でしたか。　　　　（全部できて9点）

(式)　　　　　　　　　　　　　　　答え（　　　　　　　）

(2) 帰りの速さは分速何mですか。　　　　（全部できて9点）

(式)

答え（　　　　　　　）

❺ 次の計算をしましょう。　　　　1つ7点【21点】

(1) $\dfrac{1}{4}+\dfrac{5}{24}+\dfrac{3}{8}+\dfrac{7}{48}=$

(2) $\dfrac{1}{24}+\dfrac{1}{16}+\dfrac{1}{2}+\dfrac{1}{8}=$

(3) $\dfrac{3}{8}+\dfrac{1}{10}+\dfrac{3}{20}+\dfrac{1}{40}=$

83 総復習 + 先取り ③

目標時間 **20分**

学習した日　　　月　　　日

名前

得点 ／100点

1583
解説→202ページ

❶ 次の計算の答えを分数で求めましょう。　1つ6点【18点】

(1) $\dfrac{1}{4}+0.6=$

(2) $\dfrac{1}{5}+0.4=$

(3) $\dfrac{1}{8}+0.8=$

❷ 次の計算をしましょう。　1つ6点【36点】

(1) $\dfrac{1}{5}+\dfrac{2}{9}+\dfrac{1}{6}=$

(2) $\dfrac{5}{24}+\dfrac{5}{18}+\dfrac{1}{6}=$

(3) $\dfrac{5}{7}-\dfrac{1}{9}-\dfrac{1}{3}=$

(4) $\dfrac{9}{10}-\dfrac{1}{6}-\dfrac{17}{30}=$

(5) $\dfrac{1}{2}+\dfrac{2}{7}-\dfrac{3}{14}=$

(6) $\dfrac{11}{18}-\dfrac{5}{12}+\dfrac{5}{36}=$

❸ ある小学校の今年の新入生は去年より5人増えました。これは去年の全校児童数の0.02倍にあたります。去年の全校児童数は何人ですか。　【全部できて7点】

(式)

答え（　　　　　　　）

❹ みなとさんは1500mはなれた学校まで行くのに分速50mで歩きました。帰りは走って帰ったため、行きより15分早く着きました。次の問いに答えましょう。　【18点】

(1) 学校に行くのにかかった時間は何分でしたか。　（全部できて9点）

(式)　　　　　　　　　　　答え（　　　　　　　）

(2) 帰りの速さは分速何mですか。　（全部できて9点）

(式)

答え（　　　　　　　）

❺ 次の計算をしましょう。　1つ7点【21点】

(1) $\dfrac{1}{4}+\dfrac{5}{24}+\dfrac{3}{8}+\dfrac{7}{48}=$

(2) $\dfrac{1}{24}+\dfrac{1}{16}+\dfrac{1}{2}+\dfrac{1}{8}=$

(3) $\dfrac{3}{8}+\dfrac{1}{10}+\dfrac{3}{20}+\dfrac{1}{40}=$

計算ギガドリル　小学5年

答え

わからなかった問題は、🔊 ポイントの解説を
よく読んで、確認してください。

1　整数と小数①　　　3ページ

❶ (1) 31.7　　(2) 317　　(3) 3170
❷ (1) 10倍　　(2) 1000倍　(3) 100倍
❸ (1) 100倍　　(2) 1000倍
❹ (1) 1000倍　(2) 100倍　(3) 10倍
❺ (1) 1219　　(2) 39.1　　(3) 895
　　(4) 4170　　(5) 22300　(6) 5930
　　(7) 9.1　　(8) 0.5　　(9) 30
　　(10) 17　　(11) 270　　(12) 90

🔄 (1) $\dfrac{9}{7}$　(2) $\dfrac{19}{5}$　(3) $2\dfrac{1}{3}$　(4) 4

> まちがえたら、解き直しましょう。

🔊 ポイント

❶ 整数や小数を、10倍、100倍、1000倍すると、
小数点は右にそれぞれ1つ、2つ、3つ移動します。
(1) 3.17の小数点を右の図のように　　3.17
右に1つ移動して31.7になります。　3.17 ⤵ ×10
(2) 3.17の小数点を右の図のように
右に2つ移動して317になります。　3.17 ⤵ ×100
(3) 3.17の小数点を右の図のように　　3.17
右に3つ移動して3170になります。　3.17 ⤵ ×1000
❷ 8.02から小数点が右にいくつ　　3170
移動するのかを考えます。

---

(1) 80.2は8.02の小数点を右に1つ移動した数な
ので10倍になります。
(2) 8020は8.02の小数点を右に3つ移動した数
なので、1000倍になります。
❸ 0.724から小数点を右にいくつ移動するかを考
えます。
(1) 72.4は0.724の小数点を右に2つ移動した数
なので、100倍になります。
❺ (1) 小数点を右に1つ移動して、1219
(9) 小数点を右に2つ移動して、30

🔄 (1) 1は $\dfrac{7}{7}$ だから、$1\dfrac{2}{7} = \dfrac{7}{7} + \dfrac{2}{7} = \dfrac{9}{7}$

(2) 3は $\dfrac{15}{5}$ だから、$3\dfrac{4}{5} = \dfrac{15}{5} + \dfrac{4}{5} = \dfrac{19}{5}$

(3) $\dfrac{7}{3} = \dfrac{6}{3} + \dfrac{1}{3} = 2 + \dfrac{1}{3} = 2\dfrac{1}{3}$

(4) 分子16は分母の4でわれるので、4となります。

2　整数と小数②　　　5ページ

❶ (1) 5.92　　(2) 0.592　　(3) 0.0592
❷ (1) $\dfrac{1}{10}$　　(2) $\dfrac{1}{1000}$
❸ (1) $\dfrac{1}{10}$　　(2) $\dfrac{1}{1000}$
❹ (1) 24.63　　(2) 3.941　　(3) 0.972
　　(4) 0.229　　(5) 0.442　　(6) 0.6738
　　(7) 0.0183　(8) 0.0502　(9) 0.369
　　(10) 0.00496　(11) 0.0272　(12) 0.03001

🔄 (1) $\dfrac{7}{8}$　(2) 1　(3) $\dfrac{6}{5}\left(1\dfrac{1}{5}\right)$　(4) $\dfrac{11}{7}\left(1\dfrac{4}{7}\right)$

> まちがえたら、解き直しましょう。

🔊 ポイント

❶ 整数や小数を $\dfrac{1}{10}$、$\dfrac{1}{100}$、$\dfrac{1}{1000}$ にすると、
小数点は左にそれぞれ1つ、2つ、3つ移動します。
(3) 59.2の小数点を右の　　　　　59.2
図のように3つ移動して　　0.059 2 ⤴ × $\dfrac{1}{1000}$
0.0592になります。
❷ 49.3から小数点が左にいくつ移動するのかを考
えます。
(1) 4.93は49.3の小数点を左に1つ移動した数な
ので $\dfrac{1}{10}$ になります。
❸ (2) 0.00203は2.03の小数点を左に3つ移動
した数なので $\dfrac{1}{1000}$ になります。
❹ (1) 小数点を左に1つ移動して、24.63
(7) 小数点を左に2つ移動して、0.0183
(9) 小数点を左に3つ移動して、0.369

🔄 分母が同じ分数のたし算は、分母をそのままに
して、分子どうしをたします。

(1) $\dfrac{3}{8} + \dfrac{4}{8} = \dfrac{7}{8}$

(2) $\dfrac{3}{9} + \dfrac{6}{9} = \dfrac{9}{9} = 1$

(3) $\dfrac{2}{5} + \dfrac{4}{5} = \dfrac{6}{5}\left(1\dfrac{1}{5}\right)$

(4) $\dfrac{5}{7} + \dfrac{6}{7} = \dfrac{11}{7}\left(1\dfrac{4}{7}\right)$

3 体積の単位の計算① 7ページ

❶ (1) 1 (2) 1000
(3) 100 (4) 100
(5) 1000 (6) 1
(7) 1000000 (8) 1000
(9) 10 (10) 1000000
(11) 1000000

❷ (1) 1000個 (2) 1000個
(3) 1000000個

🔁 (1) 3 (2) $6\frac{5}{11}\left(\frac{71}{11}\right)$

> まちがえたら、解き直しましょう。

🔊 **ポイント**

❶ 1cm³=1mL、1dL=100mL=100cm³、
1L=1000mL=1000cm³、1L=10dL
1kL=1m³=1000L=1000000cm³です。

❷(1) 1辺が10cmの立方体の中に1辺が1cmの立方体をたてに10個、横に10個、高さ10個分入れられるので、10×10×10=1000(個)
(3) たてに100個、横に100個、高さ100個分入れられるので、100×100×100=1000000(個)

🔁(1) $\frac{7}{5}+\frac{8}{5}=\frac{15}{5}=3$

(2) $3\frac{7}{11}+2\frac{9}{11}=5\frac{16}{11}$
帯分数の形で、分数の部分が仮分数になる場合は、真分数に直して答えます。$5\frac{16}{11}=6\frac{5}{11}$

または、帯分数の整数部分を分数の形に直し、仮分数で答えます。$5\frac{16}{11}=\frac{55}{11}+\frac{16}{11}=\frac{71}{11}$

4 体積の単位の計算② 9ページ

❶ (1) 5000cm³ (2) 600mL
(3) 3dL (4) 40L
(5) 5000L (6) 100m³
(7) 7m³ (8) 90dL
(9) 1800cm³ (10) 27kL
(11) 10000000cm³

❷ (1) 200倍 (2) 50000倍 (3) 100倍
(4) 20倍 (5) 50倍 (6) 1000倍

🔁 (1) $\frac{6}{5}\left(1\frac{1}{5}\right)$ (2) $1\frac{4}{5}\left(\frac{9}{5}\right)$

> まちがえたら、解き直しましょう。

🔊 **ポイント**

❶(4) 1Lは1000cm³だから、40000cm³は40Lです。
(6) 1kLは1m³だから、100kLは100m³です。
(7) 1m³は1000000cm³だから、7000000cm³は7m³です。

❷(1) 1Lは1000cm³なので、1Lは5cm³の1000÷5=200(倍)になります。
(2) 1m³は1000000cm³なので、1m³は20cm³の1000000÷20=50000(倍)になります。
(4) 1m³は1000Lなので、1m³は50Lの1000÷50=20(倍)になります。

🔁(1) 分母が同じ分数のひき算は、分母はそのままで分子だけをひきます。
$\frac{17}{5}-\frac{11}{5}=\frac{6}{5}\left(1\frac{1}{5}\right)$

(2) 分数から分数がひけない場合は、整数から1くり下げます。
$4\frac{2}{5}-2\frac{3}{5}=3\frac{7}{5}-2\frac{3}{5}=1\frac{4}{5}$

5 まとめのテスト❶ 11ページ

❶ (1) 58.2 (2) 5820
(3) 0.0582

❷ (1) 63.9 (2) 672
(3) 2310 (4) 59800
(5) 7.2 (6) 310
(7) 60 (8) 0.43
(9) 0.127 (10) 71.22
(11) 0.0368 (12) 0.0899
(13) 0.121 (14) 0.00603

❸ (1) 900cm³ (2) 70000mL
(3) 3kL (4) 600L
(5) 50dL (6) 8000000cm³

❹ (1) 50倍 (2) 10000倍
(3) 200倍 (4) 20倍

🔊 **ポイント**

❶ 10倍、100倍すると小数点は右にそれぞれ1つ、2つ移動し、$\frac{1}{100}$にすると小数点は左に2つ移動します。

❷ かけ算は小数点を右へ移動し、わり算は小数点を左へ移動します。(3)、(4)のように小数点以下に0をつけたす場合は、つけたす0の個数に気をつけましょう。

❸ 1dL=100cm³、1L=1000mL、1m³=1kL、1L=1000cm³、1kL=1000000cm³です。

❹ 単位をそろえます。1Lは1000cm³、1m³は1000000cm³、1kLは1000L、5000cm³は5Lです。特に、0が多くなった場合に0の個数をまちがえないようにしましょう。

6 小数のかけ算① 13ページ

❶ ア…768　　　　　　イ…10
　ウ…$\dfrac{1}{10}$　　　　　エ…76.8

❷ ア…1312　　　　　イ…100
　ウ…$\dfrac{1}{100}$　　　　エ…13.12

❸ (1)48.6　　(2)201.5　　(3)394.2
　(4)172.8　　(5)28.6　　(6)176.4

❹ (1)0.86　　(2)24.32　　(3)24.85
　(4)40.71　　(5)24.24　　(6)594.28
　(7)81.89　　(8)130.75

❺ 式…260×3.2＝832　　答え…832円

🔄 (1)$\dfrac{2}{6}$　　(2)$2\dfrac{3}{5}\left(\dfrac{13}{5}\right)$

> まちがえたら、解き直しましょう。

🔊 **ポイント**
❸小数を整数に直して計算します。
(1)27×(1.8×10)＝27×18＝486 なので、
27×1.8＝27×18÷10＝486÷10＝48.6
❹(1)43×(0.02×100)＝43×2＝86
なので、43×0.02＝43×2÷100
＝86÷100＝0.86
(5)202×(0.12×100)＝202×12＝2424
なので、202×0.12＝202×12÷100
＝2424÷100＝24.24
❺1mのねだん×長さ＝代金なので、式は
260×3.2となり、
260×3.2＝(260×32)÷10＝8320÷10
＝832(円)となります。

🔄整数どうし、分数どうしをひきますが、分数どうしがひけない場合は、整数から1くり下げます。
(1)$\dfrac{7}{6}-\dfrac{5}{6}=\dfrac{2}{6}$

(2)整数部分は 4－2＝2、分数部分は $\dfrac{4}{5}-\dfrac{1}{5}=\dfrac{3}{5}$

7 小数のかけ算② 15ページ

❶ ア…1560　　　　　イ…10
　ウ…$\dfrac{1}{10}$　　　　　エ…156

❷ ア…2730　　　　　イ…100
　ウ…$\dfrac{1}{100}$　　　　エ…27.3

❸ (1)38　　(2)144　　(3)147
　(4)120　　(5)1960　　(6)1980

❹ (1)1.6　　(2)3　　(3)32
　(4)21　　(5)32　　(6)84

❺ 式…400×2.5＝1000　　答え1000g

🔄 (1)式…$1\dfrac{3}{7}+\dfrac{6}{7}=2\dfrac{2}{7}\left(=\dfrac{16}{7}\right)$
　　答え…$2\dfrac{2}{7}$L$\left(\dfrac{16}{7}$L$\right)$

(2)式…$1\dfrac{3}{7}-\dfrac{6}{7}=\dfrac{4}{7}$　答え…$\dfrac{4}{7}$L

> まちがえたら、解き直しましょう。

🔊 **ポイント**
❸小数を整数に直して計算します。
(1)20×(1.9×10)＝20×19＝380
なので、20×1.9＝20×19÷10＝38

(5)200×(9.8×10)＝19600
なので、200×9.8＝200×98÷10
＝19600÷10＝1960
❹(1)40×(0.04×100)＝40×4＝160
なので、40×0.04＝40×4÷100
＝160÷100＝1.6
❺1mの重さ×長さ＝パイプの重さで求めることができます。

🔄(1)「合わせて」なので、たします。
$1\dfrac{3}{7}+\dfrac{6}{7}=1\dfrac{9}{7}=2\dfrac{2}{7}$　分数部分から整数部分に1くり上げます。
(2)「何L多いですか」なので、ひきます。
$1\dfrac{3}{7}-\dfrac{6}{7}=\dfrac{10}{7}-\dfrac{6}{7}=\dfrac{4}{7}$　分数部分がひけない
ときは、整数から1くり下げます。

8 小数のかけ算③ 17ページ

❶ (1)78.12　　(2)781.2　　(3)78.12
　(4)7.812

❷ (1)36.72　　(2)385.45　　(3)458.8

❸ (1)30.366　　(2)21.867　　(3)53.94

❹ (1)330.98　　(2)209.15　　(3)58.38
　(4)19.404　　(5)16.236　　(6)64.938
　(7)179.4　　(8)763.2　　(9)4966.4

🔄 (1)100倍　　(2)10倍　　(3)1000倍

> まちがえたら、解き直しましょう。

🔊 **ポイント**
❶2.17×36＝217÷100×36＝217×36÷100
だから、小数点を左に2つ移動します。

❸筆算は小数点の位置に注意しましょう。

(1)
```
      7.2 3 ←小数第二位
   ×   4.2 ←小数第一位
   ─────
     1 4 4 6
   2 8 9 2        2+1=3
   ─────────
   3 0.3 6 6 ←小数第三位
```

❹筆算は小数点の位置に注意し、❸と同じように計算しましょう。

🌀小数点の位置がどちらにどれだけ移動しているか、しっかり確認しましょう。

9　小数のかけ算④　19ページ

❶ (1)64.6　　(2)130.2　　(3)100.7
　 (4)460.6　　(5)117　　　(6)3.5
　 (7)124　　　(8)147
❷ (1)201.6　　(2)2136.4　　(3)20.52
　 (4)36.936　(5)9.116　　 (6)6.192
　 (7)72.57　　(8)215.75　　(9)364.78
❸ (1)式…2.3×1.3＝2.99　　答え…2.99kg
　 (2)式…2.3×7.8＝17.94　答え…17.94kg

🌀 (1)61.7　　(2)3.25　　(3)0.27
　 (4)0.0622　(5)0.148　(6)0.0714

> まちがえたら、解き直しましょう。

🔊 ポイント

❶小数を整数に直して計算します。
(1)17×(3.8×10)＝17×38＝646なので、
17×3.8＝17×38÷10＝646÷10＝64.6
❷筆算は小数点の位置に気をつけましょう。

(4)
```
      5.1 3 ←小数第二位
   ×   7.2 ←小数第一位
   ─────
     1 0 2 6
   3 5 9 1        2+1=3
   ─────────
   3 6.9 3 6 ←小数第三位
```

---

❸ 1m²の重さ×面積＝板の重さで求めることができます。

🌀10、100、1000でわると、それぞれ小数点が左に1つ、2つ、3つ動きます。

10　小数のかけ算⑤　21ページ

❶ (1)15.33　　(2)0.672　　(3)15.834
❷ (1)24.96　　(2)17.4　　 (3)16.8
　 (4)9.6　　　(5)434　　　(6)1722
❸ (1)0.923　　(2)0.672　　(3)0.9
　 (4)6.018　　(5)35.112　 (6)21.9566
　 (7)150.3　　(8)0.56　　　(9)0.2

🌀 (1)290　　(2)370　　(3)0.521
　 (4)0.00174

> まちがえたら、解き直しましょう。

🔊 ポイント

❷0を消すことをわすれないようにしましょう。
❸筆算は小数点の位置に注意しましょう。0をつけたすことや、0を消すことに注意しましょう。また、かける数の中に0がある場合は、その位の計算は書かなくてもよいです。

(1)
```
      0.1 3 ←小数第二位
   ×   7.1 ←小数第一位
   ─────
       1 3
     9 1           2+1=3
   ─────────
   0.9 2 3 ←小数第三位
        └ 0をつけたす
```

(4)
```
      5.9
   ×  1.0 2
   ─────
     1 1 8
   5 9       ←59×0＝0は書かなくてもよいです。
   ─────
   6.0 1 8
```

🌀かける場合は小数点の位置を右へ動かし、わる場合は小数点の位置を左へ動かします。

11　小数のかけ算⑥　23ページ

❶ (1)3.64　　(2)23.37　　(3)13.2
　 (4)27.3　　(5)833　　　(6)455
❷ (1)0.475　　(2)0.512　　(3)0.76
❸ (1)7.696　　(2)210.91　(3)6.8544
　 (4)3.54　　(5)14.48　　(6)0.28
　 (7)0.021　　(8)0.3　　　(9)1.8

🌀 (1)100　　(2)1　　(3)1000　　(4)10

> まちがえたら、解き直しましょう。

🔊 ポイント

❶0を消すことをわすれないようにしましょう。
❷小数点の位置に注意して、0をつけたしましょう。
❸0をかける計算は、書かなくてもよいです。かける数が1より小さいとき、積はかけられる数より小さくなります。

(7)
```
      0.3   ←小数第一位
   × 0.0 7  ←小数第二位      1+2=3
   ─────
   0.0 2 1  ←小数第三位
      └ 0を2つつけたします。
```

🌀単位の関係をしっかり整理しておきましょう。

172

12 小数のかけ算⑦　25ページ

❶ (1) 39.1　(2) 328.6　(3) 20
(4) 75.18　(5) 192　(6) 3240
(7) 1.4　(8) 90

❷ (1) 32.93　(2) 7.98　(3) 14.798
(4) 369.8　(5) 807.3　(6) 3544.5

❸ (1) 76.86　(2) 20.48　(3) 736
(4) 0.378　(5) 0.943　(6) 0.91
(7) 2.76　(8) 22.26　(9) 0.024

🔄 (1) 20倍　(2) 5000倍

> まちがえたら、解き直しましょう。

🔊 ポイント

❶ 整数に直して計算します。
❷ 小数点の位置に注意しましょう。
❸ 0をつけることや、0を消すことに注意しましょう。
🔄 (1) 1Lは1000cm³だから、
1000÷50＝20(倍)です。
(2) 1m³は1000000cm³だから、
1000000÷200＝5000(倍)です。

13 小数のかけ算⑧　27ページ

❶ (1) 1.6　(2) 8.7
(3) 3.8　(4) 7.9

❷ (1) 0.788　(2) 1697　(3) 1312
(4) 0.96　(5) 17.6　(6) 32.9

❸ (1) 9.6　(2) 12.5　(3) 71
(4) 490　(5) 102.4　(6) 71.4
(7) 126.1　(8) 38.4

🔄 (1) 70L　(2) 2m³

> まちがえたら、解き直しましょう。

🔊 ポイント

❷ (1) $(\bigcirc×\square)×\triangle＝\bigcirc×(\square×\triangle)$ を利用します。
$3.94×0.4×0.5＝3.94×(0.4×0.5)$
$＝3.94×0.2＝0.788$
(2) $169.7×8×1.25＝169.7×(8×1.25)$
$＝169.7×10＝1697$
(3) $131.2×0.2×50＝131.2×(0.2×50)$
$＝131.2×10＝1312$
(4) $\square×\bigcirc＝\bigcirc×\square$ を利用します。
$0.2×9.6×0.5＝(0.2×0.5)×9.6$
$＝0.1×9.6＝0.96$
(5) $1.25×17.6×0.8＝(1.25×0.8)×17.6$
$＝1×17.6＝17.6$
(6) $0.4×32.9×2.5＝(0.4×2.5)×32.9$
$＝1×32.9＝32.9$

❸ (1) $\square×\triangle＋\bigcirc×\triangle＝(\square＋\bigcirc)×\triangle$ を利用します。
$0.3×9.6＋0.7×9.6＝(0.3＋0.7)×9.6$
$＝1×9.6＝9.6$
(2) $\square×\triangle－\square×\bigcirc＝\square×(\triangle－\bigcirc)$ を利用します。
$1.25×13.5－1.25×3.5＝1.25×(13.5－3.5)$
$＝1.25×10＝12.5$

(3) $7.1×3.9＋7.1×6.1＝7.1×(3.9＋6.1)$
$＝7.1×10＝71$
(4) $52.3×9.8－2.3×9.8＝(52.3－2.3)×9.8$
$＝50×9.8＝490$
(5) $(\square＋\bigcirc)×\triangle＝\square×\triangle＋\bigcirc×\triangle$ を利用します。
$25.6×4＝(25＋0.6)×4＝25×4＋0.6×4$
$＝100＋2.4＝102.4$
(6) $35.7×2＝(35＋0.7)×2＝35×2＋0.7×2$
$＝70＋1.4＝71.4$
(7) $(\square－\bigcirc)×\triangle＝\square×\triangle－\bigcirc×\triangle$ を利用します。
$9.7×13＝(10－0.3)×13＝10×13－0.3×13$
$＝130－3.9＝126.1$
(8) $4.8×8＝(5－0.2)×8＝5×8－0.2×8$
$＝40－1.6＝38.4$
🔄 (1) 1Lは1000cm³だから70Lです。
(2) 1m³は1000000mLだから、2m³です。

14 まとめのテスト❷　29ページ

❶ (1) 63.6　(2) 49.3　(3) 57.5
(4) 394.2　(5) 62　(6) 448
(7) 540　(8) 2350

❷ (1) 27.768　(2) 87.22　(3) 100.1
(4) 33.18　(5) 1716　(6) 8.4

❸ (1) 0.448　(2) 0.54　(3) 3.3456

❹ (1) 3.18　(2) 1.25

❺ (1) 式…200×3.7＝740　答え…740円
(2) 式…200×0.6＝120　答え…120円

🔊 ポイント

❶ 小数を整数に直して計算します。
❷ 0を消すことをわすれないようにしましょう。
❸ 0をつけたしましょう。筆算の中で0をかける計算は書かなくてもよいです。

④(1)□×○＝○×□を利用します。
$0.5×3.18×2=0.5×2×3.18=1×3.18$
$=3.18$
(2)□×△＋○×△＝（□＋○）×△を利用します。
$0.7×1.25+0.3×1.25=(0.7+0.3)×1.25$
$=1×1.25=1.25$
⑤(1)1mのねだん×長さ＝代金なので、
$200×3.7=740$(円)となります。

15	**まとめのテスト❸**	31ページ

❶ (1)52.2　　(2)210.8　　(3)26.6
　(4)263.2　(5)165　　　(6)729
　(7)920　　(8)4060
❷ (1)19.826　(2)96.75　　(3)4627.2
　(4)4.6　　　(5)16.8　　　(6)903
❸ (1)3.54　　(2)0.084　(3)0.08
❹ (1)0.69　　(2)9.72　　(3)240
❺ (1)式…1.2×2.3=2.76　答え…2.76kg
　(2)式…1.2×0.7=0.84　答え…0.84kg

◁》ポイント
❷(4)
```
    1.8 4 ←小数第二位
  ×   2.5 ←小数第一位
    9 2 0
  3 6 8          2+1=3
  4.6 0 0 ←小数第三位
```
❸(3)
```
    0.1 6 ←小数第二位
  ×   0.5 ←小数第一位   2+1=3
  0.0 8 0 ←小数第三位
```
❹(1)（○×□）×△＝○×（□×△）を利用します。
$0.69×4×0.25=0.69×(4×0.25)$
$=0.69×1=0.69$

(2)□×△－○×△＝（□－○）×△を利用します。
$2.84×9.72-1.84×9.72$
$=(2.84-1.84)×9.72=1×9.72=9.72$
(3)（○－□）×△＝○×△－□×△を利用します。
$9.6×25=(10-0.4)×25=10×25-0.4×25$
$=250-10=240$
⑤1Lの重さ×油の量＝油の重さなので、
(1)$1.2×2.3=2.76$(kg)となります。

16	**小数のわり算①**	33ページ

❶ ア…80　イ…80
❷ ア…240　イ…240
❸ (1)20　　(2)30　　(3)300　　(4)200
　(5)120　(6)150
❹ (1)80　　(2)60　　(3)230　　(4)420
　(5)200　(6)400　(7)310　　(8)420
❺ 式…720÷1.8=400　答え…400g

🔁 (1)48.6　　(2)0.51

まちがえたら、解き直しましょう。

◁》ポイント
❸小数のわり算では、わる数が整数になるように小数点をずらし、わられる数の小数点も同じだけずらします。
(1)$64÷3.2=(64×10)÷(3.2×10)$
$=640÷32=20$
❹わる数を整数に直して計算します。
(1)$32÷0.4=(32×10)÷(0.4×10)$
$=320÷4=80$
❺重さ÷長さ＝1mの重さなので、
$720÷1.8=7200÷18=400$(g)となります。

🔁小数を整数に直して計算します。
(1)$18×(2.7×10)=18×27=486$なので、
$18×2.7=18×27÷10=486÷10=48.6$

17	**小数のわり算②**	35ページ

❶ ア…40　イ…40
❷ ア…200　イ…200
❸ (1)30　　(2)50　　(3)300　　(4)400
　(5)450　(6)120
❹ (1)40　　(2)20　　(3)50　　(4)50
　(5)60　　(6)120　(7)50　　(8)50
❺ 式…5÷1.25=4　答え…4kg

🔁 (1)57.6　　(2)10

まちがえたら、解き直しましょう。

◁》ポイント
❸(1)$42÷1.4=(42×10)÷(1.4×10)$
$=420÷14=30$
(3)$690÷2.3=(690×10)÷(2.3×10)$
$=6900÷23=300$
❹(1)$90÷2.25=(90×100)÷(2.25×100)$
$=9000÷225=40$
(6)$30÷0.25=(30×100)÷(0.25×100)$
$=3000÷25=120$
❺重さ÷広さ＝1m²の重さなので、
$5÷1.25=500÷125=4$(kg)となります。
🔁小数を整数に直して計算します。
(1)$32×(1.8×10)=32×18=576$なので、
$32×1.8=32×18÷10=576÷10=57.6$

18 小数のわり算③　　37ページ

❶ ア…10　イ…1.7
❷ (1)4.5　(2)4.5　(3)4.5　(4)4.5
❸ (1)1.9　(2)2.2　(3)1.3
❹ (1)5.5　(2)8.5　(3)1.4　(4)3.5
　(5)2.5　(6)6

🔄 (1)182.4　(2)93.92

> まちがえたら、解き直しましょう。

🔊 **ポイント**

❷わる数とわられる数を同じ数でわったわり算の商は、もとの商と等しくなります。
(1)28.8＝288÷10、6.4＝64÷10だから、
28.8÷6.4＝288÷64
(3)0.288＝288÷1000、0.064＝64÷1000
だから、0.288÷0.064＝288÷64
❸筆算でも、わる数を整数にしましょう。
(1)
```
       1.9
 2,1)3,9.9  ←小数点を１つ右にずらす
       2 1
       1 8 9
       1 8 9
             0
```
❹(5)
```
              2.5
 2,74)6,8 5.0  ←小数点を２つ右にずらす
       5 4 8
       1 3 7 0
       1 3 7 0
               0
```
🔄小数を整数に直して計算します。
(1)57×(3.2×10)＝57×32＝1824なので、
57×3.2＝57×32÷10＝1824÷10＝182.4

19 小数のわり算④　　39ページ

❶ (1)40　(2)30　(3)90　(4)600
　(5)40　(6)20
❷ (1)2.9　(2)4.6　(3)3.5　(4)1.8
　(5)1.3　(6)1.1
❸ (1)3.5　(2)1.4　(3)20
❹ 式…3.91÷2.3＝1.7　答え…1.7kg

🔄 (1)84　(2)4

> まちがえたら、解き直しましょう。

🔊 **ポイント**

❶小数のわり算では、わる数が整数になるように小数点をずらし、わられる数の小数点も同じだけずらします。
(1)76÷1.9＝760÷19＝40
(4)420÷0.7＝4200÷7＝600
(5)50÷1.25＝5000÷125＝40
❷(1)
```
          2.9
 1,3)3,7.7  ←小数点を１つ右にずらす
       2 6
       1 1 7
       1 1 7
             0
```
❸(3)
```
            2 0
 4,31)8 6,2 0.  ←小数点を２つ右にずらす
       8 6 2
             0
```
❹重さ÷かさ＝1Lの重さだから、
3.91÷2.3＝39.1÷23＝1.7(kg)
🔄小数を整数に直して計算します。
(1)40×2.1＝40×21÷10＝840÷10＝84

20 小数のわり算⑤　　41ページ

❶ 0
❷ (1)0.7　(2)0.8　(3)0.6　(4)0.9
　(5)0.7　(6)0.5　(7)0.4　(8)0.6
　(9)0.9
❸ (1)17　(2)23　(3)51　(4)39
　(5)28　(6)71

🔄 (1)228　(2)3.6

> まちがえたら、解き直しましょう。

🔊 **ポイント**

❷わる数がわられる数より大きいと、商は1より小さくなります。
(1)
```
            0.7  商の一の位に０がたちます
 4,2)2,9.4
       2 9 4
             0
```
❸わる数が1より小さいと、商はわられる数より大きくなります。
(1)
```
            1 7  ←わられる数の5.1より大きいです
 0,3)5,1.
       3
       2 1
       2 1
          0
```
🔄小数を整数に直して計算します。
(1)60×3.8＝60×38÷10＝2280÷10
＝228
(2)30×0.12＝30×12÷100＝360÷100
＝3.6

21 小数のわり算⑥　43ページ

❶ (1)0.3　(2)0.9　(3)0.2　(4)0.8
(5)0.4　(6)0.7　(7)0.9　(8)0.6
(9)0.3　(10)0.8　(11)0.4　(12)0.2

❷ (1)43　(2)27　(3)71　(4)19
(5)25　(6)43

⟳ (1)392　(2)39

まちがえたら、解き直しましょう。

◁》 ポイント

❶(1)
```
        0.3   商の一の位は0です。
 5、7)1、7.1
      1 7 1
          0
```

❷(1)
```
          4 3   わる数が1より小さいと
 0、6)2 5、8.  商はわられる数より
      2 4       大きくなります。
      1 8
      1 8
         0
```

⟳小数を整数に直して計算します。
(1) 80×4.9＝80×49÷10＝3920÷10＝392

22 小数のわり算⑦　45ページ

❶ (1)0.75　(2)2.8
❷ (1)0.64　(2)0.75　(3)1.125
❸ (1)9.25　(2)2.85　(3)2.5　(4)7.5
(5)14　(6)25

⟳ (1)14.715　(2)30.42　(3)263.2

まちがえたら、解き直しましょう。

◁》 ポイント

❷わり進めていくときは0を加えていきます。

(1)
```
         0.6 4
 2、5)1、6.0
      1 5 0
        1 0 0  ←最後に0をつける
        1 0 0
              0
```

❸(1)
```
          9.2 5
 0、4)3、7.0
      3 6
       1 0  ←最後に0をつける
         8
         2 0  ←最後に0をつける
         2 0
            0
```

⟳かけ算の筆算は小数点の位置に注意しましょう。
(1)
```
      3.2 7  ←小数第二位
  ×   4.5   ←小数第一位
    1 6 3 5
  1 3 0 8
  1 4.7 1 5  ←小数第三位
```
↘2＋1＝3

23 小数のわり算⑧　47ページ

❶ ア…0.1　イ…0.3　ウ…4
❷ (1)1余り2.6　(2)3余り0.3
(3)3余り1　(4)1余り4.8
(5)8余り0.5　(6)6余り2
❸ (1)18余り2.4　(2)62余り3.4
(3)66余り4.6
❹ 式…3.7÷0.9＝4余り0.1
答え…4本できて0.1m余る

⟳ (1)31.098　(2)29.904　(3)1041.6

まちがえたら、解き直しましょう。

◁》 ポイント

❷余りの小数点の位置は、わられる数のもとの小数点と同じところになります。
(1)
```
          1
 3、2)5、8.
      3 2↓
      2 6
```

❸(1)
```
          1 8
 8、2)1 5 0 0.
      8 2│
      6 8 0
      6 5 6
          2 4
```
(2)
```
          6 2
 4、3)2 7 0 0.
      2 5 8│
        1 2 0
          8 6
          3 4
```

⟳小数点の位置に注意しましょう。
(1)
```
        4.3 8  ←小数第二位
  ×     7.1   ←小数第一位
        4 3 8
  3 0 6 6
  3 1.0 9 8  ←小数第三位
```
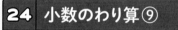
↗2＋1＝3

24 小数のわり算⑨　49ページ

❶ (1)0.75　(2)0.64　(3)0.225
(4)7.25　(5)3.65　(6)4.42
❷ (1)2余り1.1　(2)4余り0.3
(3)3余り3.1　(4)6余り0.3
(5)27余り3.2　(6)61余り4.7

⟳ (1)17.984　(2)258.23　(3)464.8

まちがえたら、解き直しましょう。

◁》 ポイント

❶わり進めていくときは、0を加えていきます。
❷余りの小数点の位置は、わられる数のもとの小数点と同じところになります。
(1)
```
          2
 1、8)4、7.
      3 6↓
      1 1
```

◎(1)
```
      2.8 1  ←小数第二位
  ×   6.4  ←小数第一位
  ─────────
   1 1 2 4
  1 6 8 6
  ─────────
  1 7.9 8 4  ←小数第三位
```
小数点の位置に
気をつけましょう。

2+1=3

25　小数のわり算⑩　　51ページ

❶ ア…$\frac{1}{100}$　　イ…1.9

❷ (1)1.8　(2)1.2　(3)3.8

❸ (1)2.8　(2)6.9　(3)3.8

◎ (1)14.58　(2)0.817　(3)66.138

まちがえたら、解き直しましょう。

◁》 ポイント

❷ $\frac{1}{10}$ の位までのがい数にするには、$\frac{1}{100}$ の位
を四捨五入します。

(1)4.9÷2.8＝49÷28＝1.75→1.8

❸(1)7.12÷2.5＝71.2÷25＝2.84…→2.8

◎(1)$\frac{1}{1000}$ の位の0を消すことに注意しましょう。

(2)一の位は0です。

(3)0をかけるかけ算は書かなくてもよいです。

26　小数のわり算⑪　　53ページ

❶ (1)6.1　　(2)3.9
(3)6.6　　(4)2.4
(5)2.3　　(6)6.1

❷ (1)2.3　　(2)1.5
(3)7.1

◎ (1)6　　　　(2)0.777
(3)38.148

まちがえたら、解き直しましょう。

◁》 ポイント

❶ $\frac{1}{100}$ の位を四捨五入します。

(1)
```
        6.0 6
  ─────────
1,6)9 7.
    9 6
    ───
    1 0 0
      9 6
      ───
        4
```
$\frac{1}{100}$ の位を切り上げて、
商は6.1です。

❷(1)
```
        2.3 4
  ─────────
0,9)2 1.1
    1 8
    ───
      3 1
      2 7
      ───
        4 0
        3 6
        ───
          4
```
$\frac{1}{100}$ の位を切りすてて、
商は2.3です。

◎(1)0を3つ消します。

(2)一の位は0です。小数点もうちます。

(3)0をかける計算は書かなくてよいです。

27　まとめのテスト❹　　55ページ

❶ (1)1.9　　(2)3.5
(3)7　　(4)0.8
(5)0.75　　(6)2.5
(7)28　　(8)1.4
(9)20

❷ (1)2余り1.6　(2)1余り5.9
(3)36余り1.6

❸ 式…7.41÷5.7＝1.3
答え…1.3kg

❹ 式…3.5÷0.8＝4余り0.3
答え…4人に配れて、0.3kg余る

◁》 ポイント

❶小数点の位置をいくつ動かすか気をつけましょう。

(1)
```
        1.9
  ─────────
2,3)4 3.7
    2 3
    ───
    2 0 7
    2 0 7
    ─────
        0
```
わる数の小数点を右へ1つ
移すので、わられる数の小
数点も右へ1つ移します。

❷余りの数の小数点の位置に気をつけましょう。

(1)
```
        2
  ─────────
1,9)5 4
    3 8
    ───
    1.6
```
余りの小数点は、わられる数の
もとの小数点と同じ位置です。

❸重さ÷かさ＝1Lの重さです。

❹重さ÷1人あたりの重さ＝配れる人数です。
配れる人数は整数だから、商は一の位まで求めて、
余りを出します。

28 まとめのテスト❺　57ページ

❶ (1) 3.1　(2) 8.4
(3) 6　(4) 0.9
(5) 0.4　(6) 17.5
(7) 58　(8) 23

❷ (1) 2.8　(2) 2.7
(3) 6.7

❸ (1) 式…2.52÷3.6＝0.7
答え…0.7kg
(2) 式…3.6÷2.52＝1.42…
答え…約1.4m

◁》 ポイント

❶(4)
```
      0.9
6,8)6,1,2
    6 1 2
        0
```
一の位に0を書き、小数点を書きます。

(6)
```
       17.5
2,8)49,0,
    2 8
    2 1 0
    1 9 6
      1 4 0
      1 4 0
          0
```
わられる数の小数点を移すとき、0をつけたします。わり切れるまで、0をつけたしてわり続けます。

❷(1)
```
      2.8 2
2,8)7,9,
    5 6
    2 3 0
    2 2 4
      6 0
      5 6
        4
```
$\frac{1}{10}$ の位までのがい数にするために、$\frac{1}{100}$ の位まで求めます。$\frac{1}{100}$ の位を四捨五入します。

❸(1) 重さ÷長さ＝1mの重さです。
(2) 長さ÷重さ＝1kgの長さです。

29 小数のかけ算、わり算①　59ページ

❶ 式…230×1.6＝368　答え…368円
❷ 式…1.27×3.8＝4.826
答え…4.826kg
❸ 式…3.6×6.21＝22.356
答え…22.356cm²
❹ 式…14÷5.6＝2.5　答え…2.5L
❺ 式…3.08÷2.6＝1.18…
答え…約1.2kg

↻ (1) 40　(2) 240　(3) 70　(4) 280

まちがえたら、解き直しましょう。

◁》 ポイント

❶ 1mのねだん×長さ＝代金です。
❷ 1m²の重さ×広さ＝重さです。
❸ たて×横＝面積です。
❹ かべの広さ÷1Lでぬれる広さ＝ペンキの量です。
❺ すなの重さ÷すなのかさ＝すな1Lの重さです。
$\frac{1}{10}$ の位までのがい数を求めるには、$\frac{1}{100}$ の位まで商を求めて、$\frac{1}{100}$ の位を四捨五入します。

↻ わる数を10倍して整数にするので、わられる数も10倍にします。
(1) 72÷1.8＝(72×10)÷(1.8×10)
　＝720÷18＝40
(2) 360÷1.5＝(360×10)÷(1.5×10)
　＝3600÷15＝240
(3) 42÷0.6＝(42×10)÷(0.6×10)
　＝420÷6＝70
(4) 168÷0.6＝(168×10)÷(0.6×10)
　＝1680÷6＝280

30 小数のかけ算、わり算②　61ページ

❶ 式…5.5÷0.8＝6余り0.7
答え…6人に配れて0.7kg余る
❷ 式…4.5×6.5＝29.25　答え…29.25m²
❸ 式…6.3÷8.4＝0.75　答え…0.75kg
❹ 式…22.5×4.8＝108　答え…108g
❺ 式…9.6÷1.2＝8　答え…8本

↻ (1) 20　(2) 50　(3) 40　(4) 50

まちがえたら、解き直しましょう。

◁》 ポイント

❶ 全部のねん土÷1人分のねん土＝配れる人数です。余りのあるわり算の筆算では、余りの小数点は、小数点を移す前のわられる数の小数点と同じ位置にうちます。
❷ 1Lでぬれる広さ×ペンキの量＝ぬれる広さです。
❸ パイプの重さ÷長さ＝1mの重さです。
❹ 1mの重さ×長さ＝重さです。
❺ テープの全体の長さ÷テープ1本の長さ＝テープの本数です。

↻ わる数を100倍して整数にするので、わられる数も100倍にします。
(1) 27÷1.35＝(27×100)÷(1.35×100)
　＝2700÷135＝20
(2) 68÷1.36＝(68×100)÷(1.36×100)
　＝6800÷136＝50
(3) 14÷0.35＝(14×100)÷(0.35×100)
　＝1400÷35＝40
(4) 11÷0.22＝(11×100)÷(0.22×100)
　＝1100÷22＝50

31 パズル① 63ページ

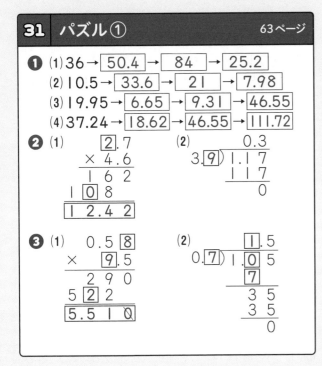

❶ (1) 36 → 50.4 → 84 → 25.2
(2) 10.5 → 33.6 → 21 → 7.98
(3) 19.95 → 6.65 → 9.31 → 46.55
(4) 37.24 → 18.62 → 46.55 → 111.72

❷ (1)
```
     2.7
  ×  4.6
   1 6 2
 1 0 8
 1 2.4 2
```
(2)
```
        0.3
 3.9) 1.1 7
      1 1 7
          0
```

❸ (1)
```
     0.5 8
  ×    9.5
   2 9 0
 5 2 2
 5.5 1 0
```
(2)
```
        1.5
 0.7) 1.0 5
        7
        3 5
        3 5
          0
```

📢 ポイント
❶ 左から順に、1つずつていねいに計算しましょう。
❷ ❸ 1つずつ求めていきましょう。

32 小数倍① 65ページ

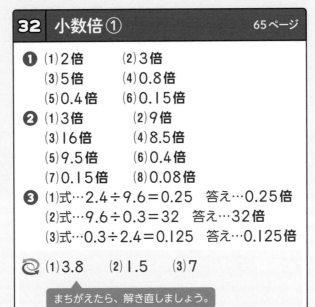

❶ (1) 2倍　　(2) 3倍
(3) 5倍　　(4) 0.8倍
(5) 0.4倍　(6) 0.15倍

❷ (1) 3倍　　(2) 9倍
(3) 16倍　　(4) 8.5倍
(5) 9.5倍　(6) 0.4倍
(7) 0.15倍　(8) 0.08倍

❸ (1) 式…2.4÷9.6＝0.25　答え…0.25倍
(2) 式…9.6÷0.3＝32　答え…32倍
(3) 式…0.3÷2.4＝0.125　答え…0.125倍

🔄 (1) 3.8　(2) 1.5　(3) 7

まちがえたら、解き直しましょう。

📢 ポイント
❶「比べる量」を「もとにする量」でわることで、「何倍」になっているかを求めることができます。
(1)では、3.2が比べる量、問題文にある1.6が「もとにする量」になるので、
3.2÷1.6＝32÷16＝2(倍)となり、3.2は1.6の2倍ということがわかります。
❷(1)「比べる量」は1.2で、「もとにする量」は0.4です。
❸どの量を「比べる量」「もとにする量」にするかで、答えがまったくちがうので、問題文からしっかり読み取れるように練習しましょう。
(1)赤いリボンの長さ÷青いリボンの長さ
(2)青いリボンの長さ÷白いリボンの長さ
(3)白いリボンの長さ÷赤いリボンの長さ

🔄 わる数を整数にするために、わる数とわられる数の小数点を右へ動かします。
(1)
```
         3.8
 2.6) 9.8.8  ←小数点を1つ右にずらす
      7 8
      2 0 8
      2 0 8
          0
```

33 小数倍② 67ページ

❶ (1) 5.4kg　(2) 9kg　　(3) 3.06kg
(4) 64.8kg　(5) 1.44kg　(6) 0.99kg

❷ (1) 1.8kg　(2) 5.4kg　(3) 3.15kg
(4) 6.57kg　(5) 0.63kg　(6) 0.585kg

❸ (1) 式…5×1.4＝7　答え…7kg
(2) 式…5×0.4＝2　答え…2kg
(3) 式…5×0.22＝1.1　答え…1.1kg

🔄 (1) 0.7　(2) 0.4　(3) 73

まちがえたら、解き直しましょう。

📢 ポイント
❶もとにする量の1.8に広さをかけることで、その広さのときの重さを求めることができます。
(1) 1.8×3＝5.4(kg)
❷もとにする量の0.9にかさをかけることで、そのかさのときの重さを求めることができます。
(1) 0.9×2＝1.8(kg)
❸もとにする量はねこの体重の5kgです。
「もとにする量」×「割合」＝「比べる量」です。
🔄(1)
```
         0.7
 3.9) 2.7.3
      2 7 3
          0
```
わられる数よりわる数のほうが大きいとき、「0.」を書きます。

❶ (1)30cm　(2)5cm　(3)19.2cm
(4)160cm　(5)400cm　(6)1200cm

❷ (1)2.4t　(2)1.5t　(3)0.25t
(4)4t　(5)15t　(6)45t

❸ (1)式…96÷1.5=64　答え…64L
(2)式…96÷0.8=120　答え…120L

↻ (1)0.75　(2)1.125　(3)7.25

まちがえたら、解き直しましょう。

◁)) **ポイント**

❶「比べる量」÷「割合」=「もとにする量」です。
「比べる量」は赤いテープの長さ、「もとにする量」
は青いテープの長さなので、
(1)48÷1.6=30より、青いテープは30cmです。
❷「比べる量」は3.6tの石で、「もとにする量」は、
もう一つの石なので、
(1)3.6÷1.5=2.4より、もう1つの石は2.4tです。
❸「比べる量」はAの水そうの96Lで、「もとに
する量」はB、Cの水そうに入る水の量です。ど
れが「比べる量」でどれが「もとにする量」か、ま
ちがえないようにしましょう。
(1)96÷1.5=64より、Bの水そうに入る水の量
は、64Lです。

↻(1)
```
        0.75
7,2)5,4.0
     5 0 4
       3 6 0
       3 6 0
           0
```
わり切れないときは、わり
切れるまで0をつけたして
わります。

❶ (1)2、4、6　(2)3、6、9
(3)5、10、15　(4)9、18、27
(5)13、26、39　(6)16、32、48
(7)19、38、57　(8)22、44、66
(9)26、52、78　(10)31、62、93
(11)47、94、141　(12)53、106、159
(13)66、132、198　(14)72、144、216

❷ (1)80、160、240　(2)75、150、225
(3)92、184、276　(4)96、192、288
(5)125、250、375　(6)250、500、750

↻ (1)2余り0.9　(2)12余り1.4
(3)51余り0.4

まちがえたら、解き直しましょう。

◁)) **ポイント**

❶(1)2に整数をかけてできる数は2の倍数です。
整数を小さい順にかけていきましょう。
2×1=2、2×2=4、2×3=6
❷(1)整数を小さい順にかけていって、
80×1=80、80×2=160、80×3=240
↻余りの小数点は、わられる数のもとの小数点の
位置にうちます。

(1)
```
          2
2,8)6,5
    5 6
     0↓9
```
(2)
```
          1 2
7,3)8 9,0
     7 3
     1 6 0
     1 4 6
       1↓4
```
(3)
```
           5 1
9,6)4 9 0,0
     4 8 0
       1 0 0
         9 6
         0↓4
```

❶ (1)21、42、63　(2)22、44、66
(3)65、130、195　(4)105、210、315
(5)12、24、36　(6)15、30、45
(7)24、48、72　(8)18、36、54
(9)30、60、90　(10)45、90、135
(11)84、168、252　(12)96、192、288
(13)42、84、126　(14)48、96、144

❷ (1)15　(2)63　(3)16　(4)36
(5)42　(6)80　(7)40　(8)240

↻ (1)1.8　(2)3.8

まちがえたら、解き直しましょう。

◁)) **ポイント**

❶(1)7の倍数は、7、14、21、28、35、42、
49、56、63…で、その中で3の倍数は21、42、
63…となります。
(13)7の倍数は、7、14、21、28、35、42、49、
56、63、70、77、84、91、98、105、
112、119、126…で、そのうち2の倍数は14、
28、42、56、70、84、98、112、126…で、
3の倍数は21、42、63、84、105、126…だ
から、2と3と7の公倍数は、42、84、126…
になります。
❷公倍数のうち、いちばん小さい数を最小公倍数
といいます。
(7)2と5の最小公倍数は10、10と8の最小公倍
数は40です。

↻ $\frac{1}{10}$ の位までのがい数にするには、$\frac{1}{100}$ の位
まで求めて、$\frac{1}{100}$ の位を四捨五入します。

37 倍数と約数③　　75ページ

❶
(1) 1、2、3、6
(2) 1、11
(3) 1、2、4、8、16
(4) 1、2、3、4、6、8、12、24
(5) 1、2、4、7、14、28
(6) 1、2、3、4、6、8、12、16、24、48
(7) 1、2、4、8、16、32、64
(8) 1、3、17、51
(9) 1、7、13、91
(10) 1、3、5、15、25、75
(11) 1、2、41、82

❷
(1) 1、2、4、5、10、20、25、50、100
(2) 1、2、61、122
(3) 1、5、29、145
(4) 1、3、7、9、21、27、63、189
(5) 1、5、41、205
(6) 1、7、31、217

🔁
(1) 3倍　　　　　(2) 5倍
(3) 8倍　　　　　(4) 1.5倍
(5) 5.5倍　　　　(6) 8.5倍
(7) 0.4倍　　　　(8) 0.15倍

まちがえたら、解き直しましょう。

🔊 ポイント
❶(1) 6をわり切ることのできる整数は、1、2、3、6です。
❷(1) 100をわり切ることのできる整数は、1、2、4、5、10、20、25、50、100です。
🔁「比べる量」を「もとにする量」でわることで、「何倍」になっているかを求めることができます。

---

(1)では、7.2が「比べる量」、問題文にある2.4が「もとにする量」になるので、
7.2÷2.4＝72÷24＝3(倍)となり、7.2は2.4の3倍、ということがわかります。

38 倍数と約数④　　77ページ

❶
(1) 1、2　　　　　(2) 1、2、4、8
(3) 1、3、9、27　(4) 1、2、3、4、6、12
(5) 1、3、5、15

❷
(1) 8　(2) 9　(3) 5　(4) 6
(5) 8　(6) 13　(7) 17　(8) 14

❸
(1) 15　(2) 13　(3) 12　(4) 15　(5) 21
(6) 24　(7) 3　(8) 5　(9) 7　(10) 9

🔁
(1) 11.5kg　　　(2) 4.37kg
(3) 11.27kg　　(4) 2.07kg

まちがえたら、解き直しましょう。

🔊 ポイント
❶(1) 4の約数は、1、2、4で、その中で18の約数でもあるのは1、2です。
(4) 48の約数は1、2、3、4、6、8、12、16、24、48で、その中で60の約数でもあるのは1、2、3、4、6、12です。
❷(1) 8の約数1、2、4、8のうち、24の約数でもある最大の整数は8です。
(5) 56の約数1、2、4、7、8、14、28、56のうち、64の約数でもある最大の整数は8です。
❸(7) 6の約数1、2、3、6のうち、15の約数でもあり18の約数でもある最大の整数は3です。

---

(9) 28の約数1、2、4、7、14、28のうち、35の約数でもあり56の約数でもある最大の整数は7です。
🔁「もとにする量」×「割合」＝「比べる量」です。
(1)では5mが「割合」、問題文にある2.3kgが「もとにする量」なので、
2.3×5＝11.5(kg)が「比べる量」です。

39 まとめのテスト❻　　79ページ

❶
(1) 6.4kg　(2) 4.8kg　(3) 10.88kg
(4) 1.6kg　(5) 2.56kg　(6) 0.8kg

❷
(1) 4、8、12　　　　(2) 6、12、18
(3) 8、16、24　　　(4) 12、24、36
(5) 18、36、54　　(6) 49、98、147
(7) 69、138、207　(8) 85、170、255

❸
(1) 14　(2) 39　(3) 45　(4) 136
(5) 18　(6) 24　(7) 120　(8) 160
(9) 72　(10) 210　(11) 60　(12) 168

❹
(1) 午前9時24分　　(2) 午前10時12分

🔊 ポイント
❶ もとにする量の3.2に長さをかけることで、その長さのときの重さを求めることができます。
(1) 3.2×2＝6.4(kg)
❷(1) 4に整数をかけてできる数は4の倍数です。整数を小さい順にかけていきましょう。
4×1＝4、4×2＝8、4×3＝12
❸ 公倍数のうち、いちばん小さい数を最小公倍数といいます。
(11) 3と12の最小公倍数は12で、12と20の最小公倍数は60です。
(12) 8と21の最小公倍数は168で、168と28の最小公倍数は168です。

④(1)8と12の最小公倍数は24だから、午前9時の24分後で、午前9時24分です。
(2)8と12と36の最小公倍数は72だから、午前9時の72分後で、午前10時12分です。

---

40 まとめのテスト❼ 81ページ

❶ (1)1.2m (2)0.4m (3)1.44m
(4)0.8m (5)9m (6)7.5m
❷ (1)1、7
(2)1、2、3、4、6、12
(3)1、2、4、7、8、14、28、56
(4)1、2、3、4、6、7、12、14、21、28、42、84
❸ (1)3 (2)8 (3)9 (4)7
(5)13 (6)17 (7)14 (8)18
(9)24 (10)27 (11)6 (12)8
❹ (1)12cm (2)4cm

◁» **ポイント**
❶「比べる量」÷「割合」＝「もとにする量」で、問題文にある1.8mが「比べる量」です。
(1)1.8÷1.5＝1.2(m)
(5)1.8÷0.2＝9(m)
❷(1)7をわり切ることのできる整数は、1、7です。
(3)56をわり切ることのできる整数は、1、2、4、7、8、14、28、56です。
❸(1)6の約数の1、2、3、6のうち、9の約数でもある最大の整数は3です。
(11)18の約数の1、2、3、6、9、18のうち、30の約数であり、36の約数でもある最大の整数は6です。
❹(1)正方形の1辺の長さは48と36の最大公約数だから、12cmです。

---

(2)正方形の1辺の長さは52と28の最大公約数だから、4cmです。

41 分数と小数① 83ページ

❶ (1)$\frac{3}{5}$ (2)$\frac{4}{7}$ (3)$\frac{2}{9}$ (4)$\frac{12}{19}$ (5)$\frac{11}{14}$
(6)$\frac{15}{17}$ (7)$\frac{21}{23}$ (8)$\frac{8}{29}$ (9)$\frac{15}{22}$ (10)$\frac{27}{7}$
(11)$\frac{31}{9}$ (12)$\frac{32}{25}$ (13)$\frac{18}{7}$ (14)$\frac{23}{5}$ (15)$\frac{49}{12}$
(16)$\frac{73}{19}$ (17)$\frac{51}{13}$ (18)$\frac{25}{9}$ (19)$\frac{33}{7}$ (20)$\frac{92}{11}$
(21)$\frac{61}{54}$
❷ (1)3 (2)1 (3)6 (4)3
(5)13 (6)19 (7)7 (8)15
(9)53 (10)21 (11)3 (12)6

↻ (1)1.2kg (2)1.6kg (3)0.75kg
(4)15kg

まちがえたら、解き直しましょう。

◁» **ポイント**
❶わり算の商は、分数で表すことができます。わる数が分母、わられる数が分子になります。
(1)わる数が5、わられる数が3だから、分母が5、分子が3で、$\frac{3}{5}$です。
❷分数は、わり算で表すことができます。
分子÷分母になります。
(1)$\frac{2}{3}$は分子が2、分母が3だから、2÷3です。

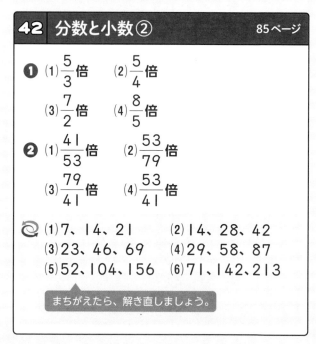

「比べる量」÷「割合」＝「もとにする量」です。
(1)では問題文の2.4が比べる量、2倍が割合だから、2.4÷2＝1.2(kg)です。
(2)2.4÷1.5＝1.6(kg)です。

42 分数と小数② 85ページ

❶ (1)$\frac{5}{3}$倍 (2)$\frac{5}{4}$倍
(3)$\frac{7}{2}$倍 (4)$\frac{8}{5}$倍
❷ (1)$\frac{41}{53}$倍 (2)$\frac{53}{79}$倍
(3)$\frac{79}{41}$倍 (4)$\frac{53}{41}$倍

↻ (1)7、14、21 (2)14、28、42
(3)23、46、69 (4)29、58、87
(5)52、104、156 (6)71、142、213

まちがえたら、解き直しましょう。

◁» **ポイント**
❶何倍かを表すときにも、分数を使うことがあります。「比べる量」÷「もとにする量」＝「割合」の式にあてはめます。
(1)「比べる量」はAのふくろに入っている5kgで、「もとにする量」はBのふくろに入っている3kgだから、「割合」は、
5÷3＝$\frac{5}{3}$(倍)です。
❷「比べる量」「もとにする量」がどれなのか、まちがえないようにしましょう。

(1) 「比べる量」はシカの体重で41kgで、「もとにする量」はヤギの体重で53kgだから、「割合」は、

$41 \div 53 = \dfrac{41}{53}$(倍)です。

🔄**(1)** 7に整数をかけてできる数は7の倍数です。整数を小さい順にかけていきましょう。
$7 \times 1 = 7$、$7 \times 2 = 14$、$7 \times 3 = 21$

---

❷ 分数を小数で表して、大きさを比べます。

(1) $\dfrac{3}{4} = 3 \div 4 = 0.75$だから、$0.5 < \dfrac{3}{4}$

(8) $3\dfrac{1}{3} = 3 + \dfrac{1}{3}$　$\dfrac{1}{3} = 1 \div 3 = 0.33\cdots$だから、

$3\dfrac{1}{3} = 3.33\cdots$なので、$3\dfrac{1}{3} > 3.3$

🔄**(1)** 7の倍数7、14、…の中で、最も小さい2の倍数は14だから、最小公倍数は14です。
(7) 6の倍数6、12、18、24、…の中で最も小さい8の倍数は、24。24の倍数24、48、72、…の中で最も小さい9の倍数は、72です。

43	分数と小数③		87ページ

❶ (1)0.5　(2)0.2　(3)0.6　(4)0.8
(5)1.5　(6)4.5　(7)1.25　(8)2.25
(9)3.25　(10)8　(11)7　(12)6
(13)13　(14)12　(15)25　(16)6.6
(17)1.25　(18)2.375　(19)4.9　(20)7.75
(21)5.8

❷ (1)<　(2)<　(3)<　(4)<　(5)>
(6)>　(7)>　(8)>　(9)<　(10)>

🔄 (1)14　(2)36　(3)27　(4)48
(5)110　(6)168　(7)72　(8)126

> まちがえたら、解き直しましょう。

🔊 **ポイント**

❶ 分数を小数で表すには、分子を分母でわります。
(1) $1 \div 2 = 0.5$
(16) $6\dfrac{3}{5} = 6 + \dfrac{3}{5}$　$\dfrac{3}{5} = 3 \div 5 = 0.6$だから、

$6\dfrac{3}{5} = 6.6$

44	分数と小数④		89ページ

❶ (1)$\dfrac{7}{10}$　(2)$\dfrac{9}{10}$　(3)$\dfrac{7}{100}$　(4)$\dfrac{3}{100}$
(5)$\dfrac{9}{100}$　(6)$\dfrac{13}{100}$　(7)$\dfrac{17}{100}$　(8)$\dfrac{29}{100}$
(9)$\dfrac{73}{100}$　(10)$\dfrac{13}{10}$　(11)$\dfrac{49}{10}$　(12)$\dfrac{89}{10}$
(13)$\dfrac{211}{100}$　(14)$\dfrac{523}{100}$　(15)$\dfrac{931}{100}$　(16)$\dfrac{473}{100}$
(17)$\dfrac{827}{100}$　(18)$\dfrac{631}{100}$　(19)$\dfrac{803}{100}$　(20)$\dfrac{601}{100}$
(21)$\dfrac{709}{100}$

❷ (1)$\dfrac{2}{1}$　(2)$\dfrac{6}{1}$　(3)$\dfrac{7}{1}$　(4)$\dfrac{12}{1}$
(5)$\dfrac{23}{1}$　(6)$\dfrac{59}{1}$　(7)$\dfrac{78}{1}$　(8)$\dfrac{67}{1}$
(9)$\dfrac{89}{1}$　(10)$\dfrac{102}{1}$　(11)$\dfrac{293}{1}$　(12)$\dfrac{594}{1}$

🔄 (1)1、2、3、4、6、12
(2)1、2、3、4、6、9、12、18、36
(3)1、5、11、55
(4)1、3、23、69

> まちがえたら、解き直しましょう。

🔊 **ポイント**

❶ 小数は、10、100などを分母とする分数で表すことができます。$\dfrac{1}{10}$、$\dfrac{1}{100}$の何個分かを考えればよいです。
(1) $\dfrac{1}{10}$の7個分だから、$\dfrac{7}{10}$

❷整数は、１などを分母とする分数で表すことがで
きます。

(1)$2＝2÷1＝\dfrac{2}{1}$

🔄(1)12をわり切ることのできる整数は、1、2、3、
4、6、12です。

45 パズル② 91ページ

❶ 計算の結果…①5460
②4.76
③75.6
④5.46
⑤7.56
⑥476
⑦340
⑧34
⑨3.4

答え…けいさんぎがどりる

🔊 ポイント
❶１つ１つていねいに計算しましょう。小数点の位
置は要注意です。

46 約分と通分① 93ページ

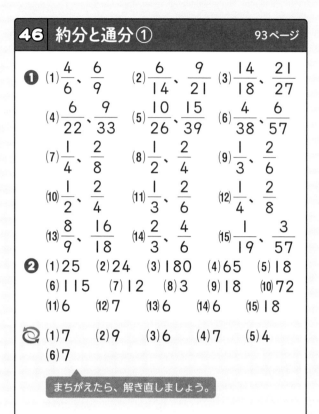

❶ (1)$\dfrac{4}{6}$、$\dfrac{6}{9}$ (2)$\dfrac{6}{14}$、$\dfrac{9}{21}$ (3)$\dfrac{14}{18}$、$\dfrac{21}{27}$

(4)$\dfrac{6}{22}$、$\dfrac{9}{33}$ (5)$\dfrac{10}{26}$、$\dfrac{15}{39}$ (6)$\dfrac{4}{38}$、$\dfrac{6}{57}$

(7)$\dfrac{1}{4}$、$\dfrac{2}{8}$ (8)$\dfrac{1}{2}$、$\dfrac{2}{4}$ (9)$\dfrac{1}{3}$、$\dfrac{2}{6}$

(10)$\dfrac{1}{2}$、$\dfrac{2}{4}$ (11)$\dfrac{1}{3}$、$\dfrac{2}{6}$ (12)$\dfrac{1}{4}$、$\dfrac{2}{8}$

(13)$\dfrac{8}{9}$、$\dfrac{16}{18}$ (14)$\dfrac{2}{3}$、$\dfrac{4}{6}$ (15)$\dfrac{1}{19}$、$\dfrac{3}{57}$

❷ (1)25 (2)24 (3)180 (4)65 (5)18
(6)115 (7)12 (8)3 (9)18 (10)72
(11)6 (12)7 (13)6 (14)6 (15)18

🔄 (1)7 (2)9 (3)6 (4)7 (5)4
(6)7

> まちがえたら、解き直しましょう。

🔊 ポイント
❶分母と分子に同じ数をかけても、分母と分子を
同じ数でわっても、分数の大きさは変わりません。
上記の解答例以外でも、等しい分数なら正解です。

(1)分母と分子に２をかけて、$\dfrac{4}{6}$、分母と分子に３

をかけて、$\dfrac{6}{9}$

(7)分母と分子を３でわって、$\dfrac{1}{4}$、$\dfrac{1}{4}$の分母と分子

に２をかけて、$\dfrac{2}{8}$

❷(1)分子に５をかけたので、分母にも５をかけて、
$5×5＝25$

(7)分子を２でわったので、分母も２でわって、12

🔄(1)7の約数の1、7のうち、21の約数でもある
最大の整数は7です。

(3)12の約数の1、2、3、4、6、12のうち、18
の約数でもある最大の整数は6です。

(5)12の約数の1、2、3、4、6、12のうち、20
の約数であり、24の約数でもある最大の整数は4
です。

47 約分と通分② 95ページ

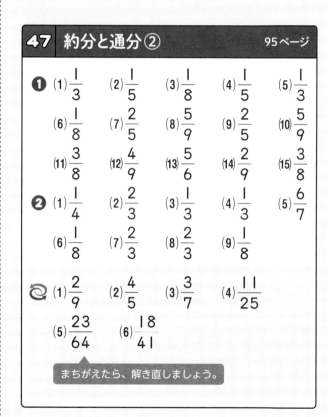

❶ (1)$\dfrac{1}{3}$ (2)$\dfrac{1}{5}$ (3)$\dfrac{1}{8}$ (4)$\dfrac{1}{5}$ (5)$\dfrac{1}{3}$

(6)$\dfrac{1}{8}$ (7)$\dfrac{2}{5}$ (8)$\dfrac{5}{9}$ (9)$\dfrac{2}{5}$ (10)$\dfrac{5}{9}$

(11)$\dfrac{3}{8}$ (12)$\dfrac{4}{9}$ (13)$\dfrac{5}{6}$ (14)$\dfrac{2}{9}$ (15)$\dfrac{3}{8}$

❷ (1)$\dfrac{1}{4}$ (2)$\dfrac{2}{3}$ (3)$\dfrac{1}{3}$ (4)$\dfrac{2}{3}$ (5)$\dfrac{6}{7}$

(6)$\dfrac{1}{8}$ (7)$\dfrac{2}{3}$ (8)$\dfrac{2}{3}$ (9)$\dfrac{1}{8}$

🔄 (1)$\dfrac{2}{9}$ (2)$\dfrac{4}{5}$ (3)$\dfrac{3}{7}$ (4)$\dfrac{11}{25}$

(5)$\dfrac{23}{64}$ (6)$\dfrac{18}{41}$

> まちがえたら、解き直しましょう。

🔊 ポイント
❶分母と分子を、分母と分子の１以外の公約数で
わっていきます。最終的に分母と分子がこれ以上
われなくなるまでくり返しわっていきましょう。

(1)$\dfrac{3÷3}{9÷3}＝\dfrac{1}{3}$

(7) $\dfrac{12\div 6}{30\div 6}=\dfrac{2}{5}$

❷(1) $\dfrac{20\div 20}{80\div 20}=\dfrac{1}{4}$

(5) $\dfrac{240\div 40}{280\div 40}=\dfrac{6}{7}$

🔁わり算の商は、分数で表すことができます。わる数が分母、わられる数が分子になります。

48 約分と通分③　97ページ

❶ (1) <　(2) >　(3) >　(4) <　(5) <
(6) <　(7) >　(8) >　(9) <　(10) >
(11) <　(12) <　(13) <　(14) >　(15) >
(16) >　(17) >　(18) >　(19) >　(20) >

❷ (1) $\dfrac{3}{6}$、$\dfrac{4}{6}$、$\dfrac{5}{6}$　(2) $\dfrac{4}{8}$、$\dfrac{6}{8}$、$\dfrac{7}{8}$

(3) $\dfrac{50}{60}$、$\dfrac{35}{60}$、$\dfrac{24}{60}$　(4) $\dfrac{63}{84}$、$\dfrac{49}{84}$、$\dfrac{72}{84}$

(5) $\dfrac{20}{120}$、$\dfrac{105}{120}$、$\dfrac{108}{120}$　(6) $\dfrac{105}{140}$、$\dfrac{90}{140}$、$\dfrac{56}{140}$

🔁 (1) $\dfrac{4}{9}$倍　(2) $\dfrac{4}{11}$倍

> まちがえたら、解き直しましょう。

🔊 ポイント

❶2つの分数を通分して比べます。

(1) $\dfrac{1}{3}=\dfrac{4}{12}$ で、$\dfrac{4}{12}<\dfrac{5}{12}$ なので、$\dfrac{1}{3}<\dfrac{5}{12}$

(7) $\dfrac{5}{6}=\dfrac{15}{18}$、$\dfrac{7}{9}=\dfrac{14}{18}$ で、$\dfrac{15}{18}>\dfrac{14}{18}$ なので、

$\dfrac{5}{6}>\dfrac{7}{9}$

---

❷(1) 2と3と6の最小公倍数は6だから、$\dfrac{1}{2}=\dfrac{3}{6}$、

$\dfrac{2}{3}=\dfrac{4}{6}$

(5) 6と8と10の最小公倍数は120だから、

$\dfrac{1}{6}=\dfrac{20}{120}$、$\dfrac{7}{8}=\dfrac{105}{120}$、$\dfrac{9}{10}=\dfrac{108}{120}$

🔁何倍かを表すときにも、分数を使うことがあります。「比べる量」÷「もとにする量」＝「割合」の式にあてはめます。

49 分数のたし算①　99ページ

❶ (1) 2、$\dfrac{3}{4}$　(2) 3、2、$\dfrac{5}{6}$

❷ (1) $\dfrac{43}{72}$　(2) $\dfrac{9}{20}$　(3) $\dfrac{31}{40}$　(4) $\dfrac{23}{30}$

(5) $\dfrac{11}{12}$　(6) $\dfrac{25}{42}$　(7) $\dfrac{17}{24}$

❸ (1) $\dfrac{23}{36}$　(2) $\dfrac{7}{8}$　(3) $\dfrac{7}{15}$　(4) $\dfrac{9}{20}$

(5) $\dfrac{3}{4}$　(6) $\dfrac{4}{15}$　(7) $\dfrac{1}{6}$

🔁 (1) 71、142、213
(2) 93、186、279
(3) 127、254、381
(4) 512、1024、1536

> まちがえたら、解き直しましょう。

🔊 ポイント

❷通分してから計算します。

(1) $\dfrac{3}{8}+\dfrac{2}{9}=\dfrac{27}{72}+\dfrac{16}{72}=\dfrac{43}{72}$

---

(2) $\dfrac{1}{5}+\dfrac{1}{4}=\dfrac{4}{20}+\dfrac{5}{20}=\dfrac{9}{20}$

(3) $\dfrac{2}{5}+\dfrac{3}{8}=\dfrac{16}{40}+\dfrac{15}{40}=\dfrac{31}{40}$

(4) $\dfrac{1}{6}+\dfrac{3}{5}=\dfrac{5}{30}+\dfrac{18}{30}=\dfrac{23}{30}$

(5) $\dfrac{1}{4}+\dfrac{2}{3}=\dfrac{3}{12}+\dfrac{8}{12}=\dfrac{11}{12}$

(6) $\dfrac{3}{7}+\dfrac{1}{6}=\dfrac{18}{42}+\dfrac{7}{42}=\dfrac{25}{42}$

(7) $\dfrac{1}{3}+\dfrac{3}{8}=\dfrac{8}{24}+\dfrac{9}{24}=\dfrac{17}{24}$

❸(1) $\dfrac{2}{9}+\dfrac{5}{12}=\dfrac{8}{36}+\dfrac{15}{36}=\dfrac{23}{36}$

(2) $\dfrac{1}{2}+\dfrac{3}{8}=\dfrac{4}{8}+\dfrac{3}{8}=\dfrac{7}{8}$

(3) $\dfrac{1}{5}+\dfrac{4}{15}=\dfrac{3}{15}+\dfrac{4}{15}=\dfrac{7}{15}$

(4) $\dfrac{3}{20}+\dfrac{3}{10}=\dfrac{3}{20}+\dfrac{6}{20}=\dfrac{9}{20}$

(5) $\dfrac{2}{5}+\dfrac{7}{20}=\dfrac{8}{20}+\dfrac{7}{20}=\dfrac{15}{20}=\dfrac{3}{4}$

(6) $\dfrac{1}{10}+\dfrac{1}{6}=\dfrac{3}{30}+\dfrac{5}{30}=\dfrac{8}{30}=\dfrac{4}{15}$

(7) $\dfrac{1}{10}+\dfrac{1}{15}=\dfrac{3}{30}+\dfrac{2}{30}=\dfrac{5}{30}=\dfrac{1}{6}$

🔁倍数を小さい順に3つ答えるので、それぞれの数を「×1」「×2」「×3」して求めます。

❶ (1) $\frac{34}{21}\left(1\frac{13}{21}\right)$ (2) $\frac{57}{28}\left(2\frac{1}{28}\right)$ (3) $\frac{37}{15}\left(2\frac{7}{15}\right)$

(4) $\frac{87}{56}\left(1\frac{31}{56}\right)$ (5) $\frac{94}{45}\left(2\frac{4}{45}\right)$ (6) $\frac{106}{63}\left(1\frac{43}{63}\right)$

(7) $\frac{27}{14}\left(1\frac{13}{14}\right)$ (8) $\frac{29}{12}\left(2\frac{5}{12}\right)$ (9) $\frac{131}{72}\left(1\frac{59}{72}\right)$

❷ (1) $\frac{73}{60}\left(1\frac{13}{60}\right)$ (2) $\frac{11}{8}\left(1\frac{3}{8}\right)$ (3) $\frac{25}{16}\left(1\frac{9}{16}\right)$

(4) $\frac{7}{4}\left(1\frac{3}{4}\right)$ (5) $\frac{4}{3}\left(1\frac{1}{3}\right)$ (6) $\frac{51}{20}\left(2\frac{11}{20}\right)$

(7) $\frac{53}{18}\left(2\frac{17}{18}\right)$

🔄 (1) 12 (2) 30 (3) 72 (4) 144

まちがえたら、解き直しましょう。

🔊 **ポイント**

❶❷通分してから計算します。

❶(1) $\frac{4}{3}+\frac{2}{7}=\frac{28}{21}+\frac{6}{21}=\frac{34}{21}\left(1\frac{13}{21}\right)$

(2) $\frac{9}{7}+\frac{3}{4}=\frac{36}{28}+\frac{21}{28}=\frac{57}{28}\left(2\frac{1}{28}\right)$

(3) $\frac{5}{3}+\frac{4}{5}=\frac{25}{15}+\frac{12}{15}=\frac{37}{15}\left(2\frac{7}{15}\right)$

(4) $\frac{9}{8}+\frac{3}{7}=\frac{63}{56}+\frac{24}{56}=\frac{87}{56}\left(1\frac{31}{56}\right)$

(5) $\frac{6}{5}+\frac{8}{9}=\frac{54}{45}+\frac{40}{45}=\frac{94}{45}\left(2\frac{4}{45}\right)$

(6) $\frac{10}{9}+\frac{4}{7}=\frac{70}{63}+\frac{36}{63}=\frac{106}{63}\left(1\frac{43}{63}\right)$

(7) $\frac{3}{2}+\frac{3}{7}=\frac{21}{14}+\frac{6}{14}=\frac{27}{14}\left(1\frac{13}{14}\right)$

(8) $\frac{7}{4}+\frac{2}{3}=\frac{21}{12}+\frac{8}{12}=\frac{29}{12}\left(2\frac{5}{12}\right)$

(9) $\frac{11}{8}+\frac{4}{9}=\frac{99}{72}+\frac{32}{72}=\frac{131}{72}\left(1\frac{59}{72}\right)$

❷(1) $\frac{16}{15}+\frac{3}{20}=\frac{64}{60}+\frac{9}{60}=\frac{73}{60}\left(1\frac{13}{60}\right)$

(2) $\frac{9}{8}+\frac{1}{4}=\frac{9}{8}+\frac{2}{8}=\frac{11}{8}\left(1\frac{3}{8}\right)$

(3) $\frac{11}{8}+\frac{3}{16}=\frac{22}{16}+\frac{3}{16}=\frac{25}{16}\left(1\frac{9}{16}\right)$

(4) $\frac{5}{4}+\frac{1}{2}=\frac{5}{4}+\frac{2}{4}=\frac{7}{4}\left(1\frac{3}{4}\right)$

(5) $\frac{9}{8}+\frac{5}{24}=\frac{27}{24}+\frac{5}{24}=\frac{32}{24}=\frac{4}{3}\left(1\frac{1}{3}\right)$

(6) $\frac{13}{10}+\frac{5}{4}=\frac{26}{20}+\frac{25}{20}=\frac{51}{20}\left(2\frac{11}{20}\right)$

(7) $\frac{5}{3}+\frac{23}{18}=\frac{30}{18}+\frac{23}{18}=\frac{53}{18}\left(2\frac{17}{18}\right)$

🔄 それぞれの数の倍数を調べ、共通な最小の数が最小公倍数です。

❶ (1) 4、$2\frac{1}{2}$ (2) 5、10、$\frac{15}{6}$、$\frac{5}{2}$

❷ (1) $1\frac{17}{36}\left(\frac{53}{36}\right)$ (2) $1\frac{13}{18}\left(\frac{31}{18}\right)$ (3) $2\frac{9}{10}\left(\frac{29}{10}\right)$

(4) $1\frac{19}{42}\left(\frac{61}{42}\right)$ (5) $2\frac{11}{36}\left(\frac{83}{36}\right)$ (6) $3\frac{7}{24}\left(\frac{79}{24}\right)$

(7) $2\frac{3}{20}\left(\frac{43}{20}\right)$

❸ (1) $1\frac{19}{60}\left(\frac{79}{60}\right)$ (2) $3\frac{5}{8}\left(\frac{29}{8}\right)$ (3) $1\frac{7}{16}\left(\frac{23}{16}\right)$

(4) $2\frac{3}{4}\left(\frac{11}{4}\right)$ (5) $2\frac{1}{3}\left(\frac{7}{3}\right)$ (6) $2\frac{9}{20}\left(\frac{49}{20}\right)$

(7) $3\frac{7}{18}\left(\frac{61}{18}\right)$

🔄 (1) 1、2、4 (2) 1、5、7、35
(3) 1、11、121 (4) 1、5、25、125

まちがえたら、解き直しましょう。

🔊 **ポイント**

❶分母の異なる、帯分数とのたし算のしかたを確認します。整数の部分と分数の部分に分けて計算する(1)と、帯分数を仮分数に直してから計算する(2)の2つの方法があります。

❷通分してから計算します。

(1) $1\frac{1}{4}+\frac{2}{9}=1\frac{9}{36}+\frac{8}{36}=1\frac{17}{36}\left(\frac{53}{36}\right)$

(3) $\frac{1}{2}+2\frac{2}{5}=\frac{5}{10}+2\frac{4}{10}=2\frac{9}{10}\left(\frac{29}{10}\right)$

(5) $1\frac{3}{4}+\frac{5}{9}=1\frac{27}{36}+\frac{20}{36}=1\frac{47}{36}=2\frac{11}{36}\left(\frac{83}{36}\right)$

(7) $\dfrac{3}{4}+1\dfrac{2}{5}=\dfrac{15}{20}+1\dfrac{8}{20}=1\dfrac{23}{20}=2\dfrac{3}{20}\left(\dfrac{43}{20}\right)$

❸(1) $1\dfrac{4}{15}+\dfrac{1}{20}=1\dfrac{16}{60}+\dfrac{3}{60}=1\dfrac{19}{60}\left(\dfrac{79}{60}\right)$

(3) $\dfrac{3}{8}+1\dfrac{1}{16}=\dfrac{6}{16}+1\dfrac{1}{16}=1\dfrac{7}{16}\left(\dfrac{23}{16}\right)$

(5) $1\dfrac{5}{8}+\dfrac{17}{24}=1\dfrac{15}{24}+\dfrac{17}{24}=1\dfrac{32}{24}=1\dfrac{4}{3}=2\dfrac{1}{3}\left(\dfrac{7}{3}\right)$

(7) $\dfrac{2}{3}+2\dfrac{13}{18}=\dfrac{12}{18}+2\dfrac{13}{18}=2\dfrac{25}{18}=3\dfrac{7}{18}\left(\dfrac{61}{18}\right)$

約数は、その数をわることのできる数です。心配な場合は、実際にその数をわって確認しましょう。

52 分数のたし算④　105ページ

❶ (1) 2、$5\dfrac{5}{6}$　　(2) 10、20、$\dfrac{35}{6}$

❷ (1) $2\dfrac{13}{36}\left(\dfrac{85}{36}\right)$　(2) $4\dfrac{13}{18}\left(\dfrac{85}{18}\right)$　(3) $3\dfrac{9}{10}\left(\dfrac{39}{10}\right)$

(4) $2\dfrac{31}{42}\left(\dfrac{115}{42}\right)$　(5) $2\dfrac{25}{36}\left(\dfrac{97}{36}\right)$

(6) $3\dfrac{11}{24}\left(\dfrac{83}{24}\right)$　(7) $5\dfrac{13}{20}\left(\dfrac{113}{20}\right)$

❸ (1) $6\dfrac{9}{10}\left(\dfrac{69}{10}\right)$　(2) $5\dfrac{8}{9}\left(\dfrac{53}{9}\right)$　(3) $3\dfrac{11}{18}\left(\dfrac{65}{18}\right)$

(4) $3\dfrac{7}{8}\left(\dfrac{31}{8}\right)$　(5) $3\dfrac{29}{36}\left(\dfrac{137}{36}\right)$

(6) $5\dfrac{5}{12}\left(\dfrac{65}{12}\right)$　(7) $3\dfrac{43}{60}\left(\dfrac{223}{60}\right)$

(1) 2　(2) 9　(3) 12　(4) 18

まちがえたら、解き直しましょう。

ポイント

❷(1) $1\dfrac{1}{4}+1\dfrac{1}{9}=1\dfrac{9}{36}+1\dfrac{4}{36}=2\dfrac{13}{36}\left(\dfrac{85}{36}\right)$

(2) $1\dfrac{2}{9}+3\dfrac{1}{2}=1\dfrac{4}{18}+3\dfrac{9}{18}=4\dfrac{13}{18}\left(\dfrac{85}{18}\right)$

(3) $2\dfrac{1}{2}+1\dfrac{2}{5}=2\dfrac{5}{10}+1\dfrac{4}{10}=3\dfrac{9}{10}\left(\dfrac{39}{10}\right)$

(4) $1\dfrac{1}{6}+1\dfrac{4}{7}=1\dfrac{7}{42}+1\dfrac{24}{42}=2\dfrac{31}{42}\left(\dfrac{115}{42}\right)$

(5) $1\dfrac{4}{9}+1\dfrac{1}{4}=1\dfrac{16}{36}+1\dfrac{9}{36}=2\dfrac{25}{36}\left(\dfrac{97}{36}\right)$

(6) $1\dfrac{1}{3}+2\dfrac{1}{8}=1\dfrac{8}{24}+2\dfrac{3}{24}=3\dfrac{11}{24}\left(\dfrac{83}{24}\right)$

(7) $2\dfrac{1}{4}+3\dfrac{2}{5}=2\dfrac{5}{20}+3\dfrac{8}{20}=5\dfrac{13}{20}\left(\dfrac{113}{20}\right)$

❸(1) $2\dfrac{1}{5}+4\dfrac{7}{10}=2\dfrac{2}{10}+4\dfrac{7}{10}=6\dfrac{9}{10}\left(\dfrac{69}{10}\right)$

(2) $2\dfrac{5}{9}+3\dfrac{1}{3}=2\dfrac{5}{9}+3\dfrac{3}{9}=5\dfrac{8}{9}\left(\dfrac{53}{9}\right)$

(3) $2\dfrac{1}{6}+1\dfrac{4}{9}=2\dfrac{3}{18}+1\dfrac{8}{18}=3\dfrac{11}{18}\left(\dfrac{65}{18}\right)$

(4) $1\dfrac{17}{24}+2\dfrac{1}{6}=1\dfrac{17}{24}+2\dfrac{4}{24}=3\dfrac{21}{24}=3\dfrac{7}{8}\left(\dfrac{31}{8}\right)$

(5) $2\dfrac{5}{12}+1\dfrac{7}{18}=2\dfrac{15}{36}+1\dfrac{14}{36}=3\dfrac{29}{36}\left(\dfrac{137}{36}\right)$

(6) $2\dfrac{1}{6}+3\dfrac{1}{4}=2\dfrac{2}{12}+3\dfrac{3}{12}=5\dfrac{5}{12}\left(\dfrac{65}{12}\right)$

(7) $2\dfrac{3}{10}+1\dfrac{5}{12}=2\dfrac{18}{60}+1\dfrac{25}{60}=3\dfrac{43}{60}\left(\dfrac{223}{60}\right)$

最大公約数は、問題の数の中で一番小さい数の約数の中にあります。

53 分数のたし算⑤　107ページ

❶ (1) 5、$4\dfrac{1}{2}$　　(2) 17、17、$\dfrac{27}{6}$、$\dfrac{9}{2}$

❷ (1) $3\dfrac{9}{56}\left(\dfrac{177}{56}\right)$　(2) $6\dfrac{5}{18}\left(\dfrac{113}{18}\right)$　(3) $6\dfrac{3}{10}\left(\dfrac{63}{10}\right)$

(4) $4\dfrac{11}{42}\left(\dfrac{179}{42}\right)$　　(5) $5\dfrac{19}{36}\left(\dfrac{199}{36}\right)$

(6) $7\dfrac{1}{24}\left(\dfrac{169}{24}\right)$　　(7) $8\dfrac{3}{20}\left(\dfrac{163}{20}\right)$

❸ (1) $6\dfrac{1}{16}\left(\dfrac{97}{16}\right)$　(2) $6\dfrac{11}{40}\left(\dfrac{251}{40}\right)$　(3) $5\dfrac{3}{14}\left(\dfrac{73}{14}\right)$

(4) $5\dfrac{2}{3}\left(\dfrac{17}{3}\right)$　　(5) $6\dfrac{1}{4}\left(\dfrac{25}{4}\right)$

(6) $3\dfrac{13}{48}\left(\dfrac{157}{48}\right)$　　(7) $6\dfrac{5}{24}\left(\dfrac{149}{24}\right)$

7人

まちがえたら、解き直しましょう。

ポイント

❶分母の異なる、帯分数同士のたし算のしかたを確認します。

❷(1) $1\dfrac{2}{7}+1\dfrac{7}{8}=1\dfrac{16}{56}+1\dfrac{49}{56}=2\dfrac{65}{56}=3\dfrac{9}{56}\left(\dfrac{177}{56}\right)$

(3) $3\dfrac{1}{2}+2\dfrac{4}{5}=3\dfrac{5}{10}+2\dfrac{8}{10}=5\dfrac{13}{10}=6\dfrac{3}{10}\left(\dfrac{63}{10}\right)$

(5) $2\dfrac{3}{4}+2\dfrac{7}{9}=2\dfrac{27}{36}+2\dfrac{28}{36}=4\dfrac{55}{36}=5\dfrac{19}{36}\left(\dfrac{199}{36}\right)$

(7) $4\dfrac{3}{4}+3\dfrac{2}{5}=4\dfrac{15}{20}+3\dfrac{8}{20}=7\dfrac{23}{20}=8\dfrac{3}{20}\left(\dfrac{163}{20}\right)$

❸(1) $2\dfrac{3}{4}+3\dfrac{5}{16}=2\dfrac{12}{16}+3\dfrac{5}{16}=5\dfrac{17}{16}=6\dfrac{1}{16}\left(\dfrac{97}{16}\right)$

(3) $2\dfrac{2}{7}+2\dfrac{13}{14}=2\dfrac{4}{14}+2\dfrac{13}{14}=4\dfrac{17}{14}=5\dfrac{3}{14}\left(\dfrac{73}{14}\right)$

(5) $3\dfrac{5}{6}+2\dfrac{5}{12}=3\dfrac{10}{12}+2\dfrac{5}{12}=5\dfrac{15}{12}=5\dfrac{5}{4}=6\dfrac{1}{4}\left(\dfrac{25}{4}\right)$

(7) $2\dfrac{5}{6}+3\dfrac{3}{8}=2\dfrac{20}{24}+3\dfrac{9}{24}=5\dfrac{29}{24}=6\dfrac{5}{24}\left(\dfrac{149}{24}\right)$

🌀 同じ数ずつ、できるだけ多くの子どもに分けることを考えるときは、最大公約数を考えます。35と42の最大公約数は7なので、7人の子どもに同じ数ずつ分けることができます。

54　まとめのテスト❽
109ページ

❶ (1)$\dfrac{2}{3}$　　(2)$\dfrac{3}{4}$

❷ (1)$\dfrac{1}{3}\rightarrow\dfrac{2}{5}\rightarrow\dfrac{1}{2}$

　　(2)$\dfrac{1}{4}\rightarrow\dfrac{2}{7}\rightarrow\dfrac{1}{3}$

❸ (1)$\dfrac{11}{12}$　　(2)$\dfrac{32}{15}\left(2\dfrac{2}{15}\right)$　　(3)$3\dfrac{5}{24}\left(\dfrac{77}{24}\right)$

　　(4)$7\dfrac{1}{6}\left(\dfrac{43}{6}\right)$　　(5)$8\dfrac{1}{4}\left(\dfrac{33}{4}\right)$

❹ 式…$\dfrac{1}{4}+\dfrac{2}{3}=\dfrac{11}{12}$　　答え…$\dfrac{11}{12}$km

❺ 式…$1\dfrac{5}{6}+\dfrac{2}{3}=2\dfrac{1}{2}\left(=\dfrac{5}{2}\right)$

　　答え…$2\dfrac{1}{2}$時間$\left(\dfrac{5}{2}$時間$\right)$

🔊 ポイント
❶ 分母と分子を、分母と分子以外の公約数でわっていきます。最終的に分母と分子がこれ以上われなくなるまでくり返しわっていきましょう。

---

(1) $\dfrac{24\div12}{36\div12}=\dfrac{2}{3}$

(2) $\dfrac{48\div16}{64\div16}=\dfrac{3}{4}$

❷ 3つの分数を通分して比べます。

(1) 2と3と5の最小公倍数は30で、

$\dfrac{1}{2}=\dfrac{15}{30}$、$\dfrac{1}{3}=\dfrac{10}{30}$、$\dfrac{2}{5}=\dfrac{12}{30}$

なので、小さい順に並べると、$\dfrac{1}{3}\rightarrow\dfrac{2}{5}\rightarrow\dfrac{1}{2}$

(2) 3と4と7の最小公倍数は84で、

$\dfrac{1}{3}=\dfrac{28}{84}$、$\dfrac{1}{4}=\dfrac{21}{84}$、$\dfrac{2}{7}=\dfrac{24}{84}$

なので、小さい順に並べると、$\dfrac{1}{4}\rightarrow\dfrac{2}{7}\rightarrow\dfrac{1}{3}$

❸ 通分してから計算します。

(1) $\dfrac{3}{4}+\dfrac{1}{6}=\dfrac{9}{12}+\dfrac{2}{12}=\dfrac{11}{12}$

(2) $\dfrac{13}{10}+\dfrac{5}{6}=\dfrac{39}{30}+\dfrac{25}{30}=\dfrac{64}{30}=\dfrac{32}{15}\left(2\dfrac{2}{15}\right)$

(3) $2\dfrac{5}{8}+\dfrac{7}{12}=2\dfrac{15}{24}+\dfrac{14}{24}=2\dfrac{29}{24}=3\dfrac{5}{24}\left(\dfrac{77}{24}\right)$

(4) $2\dfrac{5}{6}+4\dfrac{1}{3}=2\dfrac{5}{6}+4\dfrac{2}{6}=6\dfrac{7}{6}=7\dfrac{1}{6}\left(\dfrac{43}{6}\right)$

(5) $4\dfrac{1}{2}+3\dfrac{3}{4}=4\dfrac{2}{4}+3\dfrac{3}{4}=7\dfrac{5}{4}=8\dfrac{1}{4}\left(\dfrac{33}{4}\right)$

❹ 家から学校までの道のり＝家から図書館までの道のり＋図書館から学校までの道のりです。

❺ 勉強した時間＝予定していた時間＋予定より多く勉強した時間です。

55　分数のひき算①
111ページ

❶ (1)2、$\dfrac{1}{4}$　　(2)3、2、$\dfrac{1}{6}$

❷ (1)$\dfrac{11}{35}$　　(2)$\dfrac{7}{18}$　　(3)$\dfrac{13}{30}$　　(4)$\dfrac{7}{24}$

　　(5)$\dfrac{5}{18}$　　(6)$\dfrac{5}{36}$　　(7)$\dfrac{17}{42}$

❸ (1)$\dfrac{1}{3}$　　(2)$\dfrac{7}{24}$　　(3)$\dfrac{1}{9}$　　(4)$\dfrac{1}{24}$

　　(5)$\dfrac{1}{5}$　　(6)$\dfrac{1}{12}$　　(7)$\dfrac{3}{8}$

🌀 (1)$\dfrac{7}{30}$　　(2)$\dfrac{11}{16}$

> まちがえたら、解き直しましょう。

🔊 ポイント
❶ 分数のひき算のしかたを確認します。たし算と同様に、分母をそろえてから計算します。

❷ 通分してから計算します。

(1) $\dfrac{3}{5}-\dfrac{2}{7}=\dfrac{21}{35}-\dfrac{10}{35}=\dfrac{11}{35}$

(2) $\dfrac{8}{9}-\dfrac{1}{2}=\dfrac{16}{18}-\dfrac{9}{18}=\dfrac{7}{18}$

(3) $\dfrac{3}{5}-\dfrac{1}{6}=\dfrac{18}{30}-\dfrac{5}{30}=\dfrac{13}{30}$

(4) $\dfrac{5}{8}-\dfrac{1}{3}=\dfrac{15}{24}-\dfrac{8}{24}=\dfrac{7}{24}$

(5) $\dfrac{1}{2}-\dfrac{2}{9}=\dfrac{9}{18}-\dfrac{4}{18}=\dfrac{5}{18}$

(6) $\dfrac{8}{9}-\dfrac{3}{4}=\dfrac{32}{36}-\dfrac{27}{36}=\dfrac{5}{36}$

(7) $\dfrac{5}{6} - \dfrac{3}{7} = \dfrac{35}{42} - \dfrac{18}{42} = \dfrac{17}{42}$

❸ 通分してから計算します。

(1) $\dfrac{1}{2} - \dfrac{1}{6} = \dfrac{3}{6} - \dfrac{1}{6} = \dfrac{2}{6} = \dfrac{1}{3}$

(2) $\dfrac{5}{12} - \dfrac{1}{8} = \dfrac{10}{24} - \dfrac{3}{24} = \dfrac{7}{24}$

(3) $\dfrac{1}{6} - \dfrac{1}{18} = \dfrac{3}{18} - \dfrac{1}{18} = \dfrac{2}{18} = \dfrac{1}{9}$

(4) $\dfrac{19}{24} - \dfrac{3}{4} = \dfrac{19}{24} - \dfrac{18}{24} = \dfrac{1}{24}$

(5) $\dfrac{1}{2} - \dfrac{3}{10} = \dfrac{5}{10} - \dfrac{3}{10} = \dfrac{2}{10} = \dfrac{1}{5}$

(6) $\dfrac{5}{12} - \dfrac{1}{3} = \dfrac{5}{12} - \dfrac{4}{12} = \dfrac{1}{12}$

(7) $\dfrac{7}{12} - \dfrac{5}{24} = \dfrac{14}{24} - \dfrac{5}{24} = \dfrac{9}{24} = \dfrac{3}{8}$

♻**(1)** $\dfrac{1}{6} + \dfrac{1}{15} = \dfrac{5}{30} + \dfrac{2}{30} = \dfrac{7}{30}$

(2) $\dfrac{1}{4} + \dfrac{7}{16} = \dfrac{4}{16} + \dfrac{7}{16} = \dfrac{11}{16}$

---

56 分数のひき算② 113ページ

❶ **(1)** $\dfrac{24}{35}$ **(2)** $\dfrac{9}{20}$

(3) $\dfrac{5}{6}$ **(4)** $\dfrac{19}{21}$

(5) $\dfrac{13}{15}$ **(6)** $\dfrac{13}{10}\left(1\dfrac{3}{10}\right)$

(7) $\dfrac{41}{28}\left(1\dfrac{13}{28}\right)$ **(8)** $\dfrac{31}{30}\left(1\dfrac{1}{30}\right)$

(9) $\dfrac{51}{40}\left(1\dfrac{11}{40}\right)$

❷ **(1)** $\dfrac{59}{72}$ **(2)** $\dfrac{7}{12}$

(3) $\dfrac{17}{18}$ **(4)** $\dfrac{1}{2}$

(5) $\dfrac{55}{48}\left(1\dfrac{7}{48}\right)$ **(6)** $\dfrac{53}{48}\left(1\dfrac{5}{48}\right)$

(7) $\dfrac{19}{14}\left(1\dfrac{5}{14}\right)$

♻ **(1)** $\dfrac{49}{24}\left(2\dfrac{1}{24}\right)$ **(2)** $\dfrac{11}{8}\left(1\dfrac{3}{8}\right)$

> まちがえたら、解き直しましょう。

🔊 **ポイント**

❶ 通分してから計算します。

(1) $\dfrac{7}{5} - \dfrac{5}{7} = \dfrac{49}{35} - \dfrac{25}{35} = \dfrac{24}{35}$

(2) $\dfrac{6}{5} - \dfrac{3}{4} = \dfrac{24}{20} - \dfrac{15}{20} = \dfrac{9}{20}$

(3) $\dfrac{3}{2} - \dfrac{2}{3} = \dfrac{9}{6} - \dfrac{4}{6} = \dfrac{5}{6}$

---

(4) $\dfrac{11}{7} - \dfrac{2}{3} = \dfrac{33}{21} - \dfrac{14}{21} = \dfrac{19}{21}$

(5) $\dfrac{5}{3} - \dfrac{4}{5} = \dfrac{25}{15} - \dfrac{12}{15} = \dfrac{13}{15}$

(6) $\dfrac{9}{5} - \dfrac{1}{2} = \dfrac{18}{10} - \dfrac{5}{10} = \dfrac{13}{10}\left(1\dfrac{3}{10}\right)$

(7) $\dfrac{7}{4} - \dfrac{2}{7} = \dfrac{49}{28} - \dfrac{8}{28} = \dfrac{41}{28}\left(1\dfrac{13}{28}\right)$

(8) $\dfrac{11}{6} - \dfrac{4}{5} = \dfrac{55}{30} - \dfrac{24}{30} = \dfrac{31}{30}\left(1\dfrac{1}{30}\right)$

(9) $\dfrac{7}{5} - \dfrac{1}{8} = \dfrac{56}{40} - \dfrac{5}{40} = \dfrac{51}{40}\left(1\dfrac{11}{40}\right)$

❷ 通分してから計算します。

(1) $\dfrac{23}{18} - \dfrac{11}{24} = \dfrac{92}{72} - \dfrac{33}{72} = \dfrac{59}{72}$

(2) $\dfrac{13}{12} - \dfrac{1}{2} = \dfrac{13}{12} - \dfrac{6}{12} = \dfrac{7}{12}$

(3) $\dfrac{11}{9} - \dfrac{5}{18} = \dfrac{22}{18} - \dfrac{5}{18} = \dfrac{17}{18}$

(4) $\dfrac{7}{6} - \dfrac{2}{3} = \dfrac{7}{6} - \dfrac{4}{6} = \dfrac{3}{6} = \dfrac{1}{2}$

(5) $\dfrac{23}{16} - \dfrac{7}{24} = \dfrac{69}{48} - \dfrac{14}{48} = \dfrac{55}{48}\left(1\dfrac{7}{48}\right)$

(6) $\dfrac{19}{16} - \dfrac{1}{12} = \dfrac{57}{48} - \dfrac{4}{48} = \dfrac{53}{48}\left(1\dfrac{5}{48}\right)$

(7) $\dfrac{11}{7} - \dfrac{3}{14} = \dfrac{22}{14} - \dfrac{3}{14} = \dfrac{19}{14}\left(1\dfrac{5}{14}\right)$

♻**(1)** $\dfrac{11}{8} + \dfrac{2}{3} = \dfrac{33}{24} + \dfrac{16}{24} = \dfrac{49}{24}\left(2\dfrac{1}{24}\right)$

(2) $\dfrac{7}{6} + \dfrac{5}{24} = \dfrac{28}{24} + \dfrac{5}{24} = \dfrac{33}{24} = \dfrac{11}{8}\left(1\dfrac{3}{8}\right)$

57 分数のひき算③ ……115ページ

❶ (1) 4、10、5、5　(2) 8、16、11

❷ (1) $1\frac{11}{72}\left(\frac{83}{72}\right)$　(2) $2\frac{3}{14}\left(\frac{31}{14}\right)$　(3) $1\frac{26}{63}\left(\frac{89}{63}\right)$

(4) $1\frac{26}{45}\left(\frac{71}{45}\right)$　(5) $2\frac{11}{12}\left(\frac{35}{12}\right)$

(6) $2\frac{5}{6}\left(\frac{17}{6}\right)$　(7) $\frac{15}{28}$

❸ (1) $2\frac{1}{20}\left(\frac{41}{20}\right)$　(2) $1\frac{1}{4}\left(\frac{5}{4}\right)$　(3) $3\frac{1}{2}\left(\frac{7}{2}\right)$

(4) $2\frac{11}{60}\left(\frac{131}{60}\right)$　(5) $2\frac{23}{36}\left(\frac{95}{36}\right)$

(6) $1\frac{1}{2}\left(\frac{3}{2}\right)$　(7) $\frac{5}{8}$

🔄 (1) $2\frac{11}{12}\left(\frac{35}{12}\right)$　(2) $1\frac{23}{56}\left(\frac{79}{56}\right)$

> まちがえたら、解き直しましょう。

◁》ポイント
❷通分してから計算します。
(1) $1\frac{3}{8}-\frac{2}{9}=1\frac{27}{72}-\frac{16}{72}=1\frac{11}{72}\left(\frac{83}{72}\right)$

(3) $1\frac{6}{7}-\frac{4}{9}=1\frac{54}{63}-\frac{28}{63}=1\frac{26}{63}\left(\frac{89}{63}\right)$

(5) $3\frac{2}{3}-\frac{3}{4}=3\frac{8}{12}-\frac{9}{12}=2\frac{20}{12}-\frac{9}{12}=2\frac{11}{12}\left(\frac{35}{12}\right)$

(7) $1\frac{1}{4}-\frac{5}{7}=1\frac{7}{28}-\frac{20}{28}=\frac{35}{28}-\frac{20}{28}=\frac{15}{28}$

❸通分してから計算します。
(1) $2\frac{3}{4}-\frac{7}{10}=2\frac{15}{20}-\frac{14}{20}=2\frac{1}{20}\left(\frac{41}{20}\right)$

(3) $3\frac{3}{5}-\frac{1}{10}=3\frac{6}{10}-\frac{1}{10}=3\frac{5}{10}=3\frac{1}{2}\left(\frac{7}{2}\right)$

(5) $3\frac{2}{9}-\frac{7}{12}=3\frac{8}{36}-\frac{21}{36}=2\frac{44}{36}-\frac{21}{36}=2\frac{23}{36}\left(\frac{95}{36}\right)$

(7) $1\frac{1}{2}-\frac{7}{8}=1\frac{4}{8}-\frac{7}{8}=\frac{12}{8}-\frac{7}{8}=\frac{5}{8}$

🔄(1) $2\frac{2}{3}+\frac{1}{4}=2\frac{8}{12}+\frac{3}{12}=2\frac{11}{12}\left(\frac{35}{12}\right)$

(2) $1\frac{2}{7}+\frac{1}{8}=1\frac{16}{56}+\frac{7}{56}=1\frac{23}{56}\left(\frac{79}{56}\right)$

58 分数のひき算④ ……117ページ

❶ (1) $1\frac{11}{42}\left(\frac{53}{42}\right)$　(2) $2\frac{4}{15}\left(\frac{34}{15}\right)$

(3) $1\frac{23}{72}\left(\frac{95}{72}\right)$　(4) $4\frac{7}{30}\left(\frac{127}{30}\right)$

(5) $2\frac{9}{35}\left(\frac{79}{35}\right)$　(6) $2\frac{11}{56}\left(\frac{123}{56}\right)$

(7) $4\frac{11}{21}\left(\frac{95}{21}\right)$　(8) $3\frac{1}{14}\left(\frac{43}{14}\right)$

(9) $1\frac{4}{45}\left(\frac{49}{45}\right)$

❷ (1) $5\frac{5}{16}\left(\frac{85}{16}\right)$　(2) $2\frac{1}{9}\left(\frac{19}{9}\right)$　(3) $\frac{1}{20}$

(4) $2\frac{11}{72}\left(\frac{155}{72}\right)$　(5) $2\frac{21}{40}\left(\frac{101}{40}\right)$

(6) $2\frac{1}{6}\left(\frac{13}{6}\right)$　(7) $\frac{5}{24}$

🔄 (1) $4\frac{7}{18}\left(\frac{79}{18}\right)$　(2) $5\frac{1}{4}\left(\frac{21}{4}\right)$

> まちがえたら、解き直しましょう。

◁》ポイント
❶通分してから計算します。
(1) $3\frac{5}{6}-2\frac{4}{7}=3\frac{35}{42}-2\frac{24}{42}=1\frac{11}{42}\left(\frac{53}{42}\right)$

(2) $6\frac{3}{5}-4\frac{1}{3}=6\frac{9}{15}-4\frac{5}{15}=2\frac{4}{15}\left(\frac{34}{15}\right)$

(4) $5\frac{5}{6}-1\frac{3}{5}=5\frac{25}{30}-1\frac{18}{30}=4\frac{7}{30}\left(\frac{127}{30}\right)$

(5) $3\frac{2}{5}-1\frac{1}{7}=3\frac{14}{35}-1\frac{5}{35}=2\frac{9}{35}\left(\frac{79}{35}\right)$

(7) $6\frac{2}{3}-2\frac{1}{7}=6\frac{14}{21}-2\frac{3}{21}=4\frac{11}{21}\left(\frac{95}{21}\right)$

(9) $3\frac{1}{5}-2\frac{1}{9}=3\frac{9}{45}-2\frac{5}{45}=1\frac{4}{45}\left(\frac{49}{45}\right)$

❷通分してから計算します。
(1) $9\frac{3}{8}-4\frac{1}{16}=9\frac{6}{16}-4\frac{1}{16}=5\frac{5}{16}\left(\frac{85}{16}\right)$

(2) $3\frac{5}{18}-1\frac{1}{6}=3\frac{5}{18}-1\frac{3}{18}=2\frac{2}{18}=2\frac{1}{9}\left(\frac{19}{9}\right)$

(3) $1\frac{7}{10}-1\frac{13}{20}=1\frac{14}{20}-1\frac{13}{20}=\frac{1}{20}$

(4) $5\frac{13}{24}-3\frac{7}{18}=5\frac{39}{72}-3\frac{28}{72}=2\frac{11}{72}\left(\frac{155}{72}\right)$

(5) $6\frac{5}{8}-4\frac{1}{10}=6\frac{25}{40}-4\frac{4}{40}=2\frac{21}{40}\left(\frac{101}{40}\right)$

(6) $5\frac{11}{12}-3\frac{3}{4}=5\frac{11}{12}-3\frac{9}{12}=2\frac{2}{12}=2\frac{1}{6}\left(\frac{13}{6}\right)$

(7) $2\frac{5}{6}-2\frac{5}{8}=2\frac{20}{24}-2\frac{15}{24}=\frac{5}{24}$

🔄(1) $2\frac{1}{6}+2\frac{2}{9}=2\frac{3}{18}+2\frac{4}{18}=4\frac{7}{18}\left(\frac{79}{18}\right)$

(2) $3\frac{1}{12}+2\frac{1}{6}=3\frac{1}{12}+2\frac{2}{12}=5\frac{3}{12}=5\frac{1}{4}\left(\frac{21}{4}\right)$

59 分数のひき算⑤　119ページ

❶ (1) 6、15、7　(2) 11、33、16

❷ (1) $3\frac{9}{10}\left(\frac{39}{10}\right)$　(2) $1\frac{50}{63}\left(\frac{113}{63}\right)$　(3) $1\frac{29}{36}\left(\frac{65}{36}\right)$

　(4) $4\frac{19}{24}\left(\frac{115}{24}\right)$　(5) $2\frac{11}{18}\left(\frac{47}{18}\right)$

　(6) $1\frac{7}{12}\left(\frac{19}{12}\right)$　(7) $3\frac{25}{28}\left(\frac{109}{28}\right)$

❸ (1) $3\frac{2}{3}\left(\frac{11}{3}\right)$　(2) $\frac{2}{3}$　(3) $2\frac{43}{48}\left(\frac{139}{48}\right)$

　(4) $4\frac{8}{9}\left(\frac{44}{9}\right)$　(5) $2\frac{5}{12}\left(\frac{29}{12}\right)$

　(6) $3\frac{3}{8}\left(\frac{27}{8}\right)$　(7) $\frac{14}{15}$

🔄 (1) $5\frac{1}{8}\left(\frac{41}{8}\right)$　(2) $5\frac{1}{24}\left(\frac{121}{24}\right)$

> まちがえたら、解き直しましょう。

🔊 ポイント
❷通分してから計算します。

(1) $5\frac{1}{2}-1\frac{3}{5}=5\frac{5}{10}-1\frac{6}{10}=4\frac{15}{10}-1\frac{6}{10}=3\frac{9}{10}\left(\frac{39}{10}\right)$

(2) $6\frac{2}{9}-4\frac{3}{7}=6\frac{14}{63}-4\frac{27}{63}=5\frac{77}{63}-4\frac{27}{63}=1\frac{50}{63}\left(\frac{113}{63}\right)$

(3) $3\frac{1}{4}-1\frac{4}{9}=3\frac{9}{36}-1\frac{16}{36}=2\frac{45}{36}-1\frac{16}{36}=1\frac{29}{36}\left(\frac{65}{36}\right)$

(5) $4\frac{1}{2}-1\frac{8}{9}=4\frac{9}{18}-1\frac{16}{18}=3\frac{27}{18}-1\frac{16}{18}=2\frac{11}{18}\left(\frac{47}{18}\right)$

(6) $4\frac{1}{3}-2\frac{3}{4}=4\frac{4}{12}-2\frac{9}{12}=3\frac{16}{12}-2\frac{9}{12}=1\frac{7}{12}\left(\frac{19}{12}\right)$

(7) $6\frac{1}{7}-2\frac{1}{4}=6\frac{4}{28}-2\frac{7}{28}=5\frac{32}{28}-2\frac{7}{28}=3\frac{25}{28}\left(\frac{109}{28}\right)$

---

❸通分してから計算します。

(1) $7\frac{1}{8}-3\frac{11}{24}=7\frac{3}{24}-3\frac{11}{24}=6\frac{27}{24}-3\frac{11}{24}=3\frac{16}{24}=3\frac{2}{3}\left(\frac{11}{3}\right)$

(2) $2\frac{1}{6}-1\frac{1}{2}=2\frac{1}{6}-1\frac{3}{6}=1\frac{7}{6}-1\frac{3}{6}=\frac{4}{6}=\frac{2}{3}$

(3) $9\frac{3}{16}-6\frac{7}{24}=9\frac{9}{48}-6\frac{14}{48}=8\frac{57}{48}-6\frac{14}{48}=2\frac{43}{48}\left(\frac{139}{48}\right)$

(5) $4\frac{1}{4}-1\frac{5}{6}=4\frac{3}{12}-1\frac{10}{12}=3\frac{15}{12}-1\frac{10}{12}=2\frac{5}{12}\left(\frac{29}{12}\right)$

(6) $6\frac{5}{24}-2\frac{5}{6}=6\frac{5}{24}-2\frac{20}{24}=5\frac{29}{24}-2\frac{20}{24}=3\frac{9}{24}=3\frac{3}{8}\left(\frac{27}{8}\right)$

(7) $3\frac{5}{6}-2\frac{9}{10}=3\frac{25}{30}-2\frac{27}{30}=2\frac{55}{30}-2\frac{27}{30}=\frac{28}{30}=\frac{14}{15}$

🔄(1) $1\frac{7}{12}+3\frac{13}{24}=1\frac{14}{24}+3\frac{13}{24}=4\frac{27}{24}=5\frac{3}{24}=5\frac{1}{8}\left(\frac{41}{8}\right)$

(2) $2\frac{11}{12}+2\frac{1}{8}=2\frac{22}{24}+2\frac{3}{24}=4\frac{25}{24}=5\frac{1}{24}\left(\frac{121}{24}\right)$

60 まとめのテスト❾　121ページ

❶ (1) $\frac{11}{20}$　(2) $\frac{5}{18}$　(3) $\frac{11}{12}$　(4) $\frac{19}{16}\left(1\frac{3}{16}\right)$

　(5) $5\frac{1}{10}\left(\frac{51}{10}\right)$　(6) $\frac{1}{2}$　(7) $2\frac{37}{72}\left(\frac{181}{72}\right)$

　(8) $5\frac{1}{4}\left(\frac{21}{4}\right)$　(9) $2\frac{11}{28}\left(\frac{67}{28}\right)$

❷ 式…$\frac{1}{2}-\frac{3}{10}=\frac{1}{5}$　答え…$\frac{1}{5}$ kg

❸ 式…$2\frac{1}{12}-\frac{1}{2}=1\frac{7}{12}\left(\frac{19}{12}\right)$

　答え…$1\frac{7}{12}$ m $\left(\frac{19}{12}\text{ m}\right)$

❹ 式…$3\frac{1}{5}-2\frac{8}{15}=\frac{2}{3}$　答え…$\frac{2}{3}$ dL

🔊 ポイント
❶通分してから計算します。

(1) $\frac{3}{4}-\frac{1}{5}=\frac{15}{20}-\frac{4}{20}=\frac{11}{20}$

(2) $\frac{17}{18}-\frac{2}{3}=\frac{17}{18}-\frac{12}{18}=\frac{5}{18}$

(3) $\frac{5}{3}-\frac{3}{4}=\frac{20}{12}-\frac{9}{12}=\frac{11}{12}$

(4) $\frac{23}{16}-\frac{1}{4}=\frac{23}{16}-\frac{4}{16}=\frac{19}{16}\left(1\frac{3}{16}\right)$

(5) $5\frac{1}{2}-\frac{2}{5}=5\frac{5}{10}-\frac{4}{10}=5\frac{1}{10}\left(\frac{51}{10}\right)$

(6) $1\frac{1}{6}-\frac{2}{3}=1\frac{1}{6}-\frac{4}{6}=\frac{7}{6}-\frac{4}{6}=\frac{3}{6}=\frac{1}{2}$

(7) $7\frac{5}{8}-5\frac{1}{9}=7\frac{45}{72}-5\frac{8}{72}=2\frac{37}{72}\left(\frac{181}{72}\right)$

(8) $6\frac{3}{4}-1\frac{1}{2}=6\frac{3}{4}-1\frac{2}{4}=5\frac{1}{4}\left(\frac{21}{4}\right)$

(9) $5\frac{1}{4}-2\frac{6}{7}=5\frac{7}{28}-2\frac{24}{28}=4\frac{35}{28}-2\frac{24}{28}=2\frac{11}{28}\left(\frac{67}{28}\right)$

❷ちがいを求めるので、ひき算になります。

❸もとのひもの長さ－切り取ったひもの長さ＝残ったひもの長さになります。

❹もとのオレンジジュースの量－飲んだオレンジジュースの量＝残ったオレンジジュースの量になります。

61 分数と小数のたし算　123ページ

① (1)（上から順に）$\dfrac{3}{10}$、$\dfrac{3}{10}$、$\dfrac{6}{20}$、$\dfrac{11}{20}$

　(2)（上から順に）0.25、0.25、0.55

② (1) 0.9　(2) 1.3　(3) 0.85

③ (1) $\dfrac{11}{30}$　(2) $\dfrac{59}{70}$　(3) $\dfrac{14}{15}$　(4) $\dfrac{14}{15}$

　(5) $\dfrac{17}{12}\left(1\dfrac{5}{12}\right)$　(6) $\dfrac{19}{28}$

🔄 (1) $\dfrac{13}{60}$　(2) $\dfrac{7}{36}$

> まちがえたら、解き直しましょう。

◁» ポイント

① (1) $0.1=\dfrac{1}{10}$ なので、0.3 は $\dfrac{1}{10}$ が3つ集まったものと考えれば、$0.3=\dfrac{3}{10}$ となります。

(2) $\dfrac{○}{△}$ という分数を小数で表すには、○÷△ を計算します。

② (1) $\dfrac{1}{2}+0.4=1\div2+0.4=0.5+0.4=0.9$

(2) $\dfrac{3}{4}+0.55=3\div4+0.55=0.75+0.55=1.3$

(3) $\dfrac{3}{5}+0.25=3\div5+0.25=0.6+0.25=0.85$

③ $0.25=\dfrac{25}{100}=\dfrac{1}{4}$、$0.75=\dfrac{75}{100}=\dfrac{3}{4}$ は、覚えておくとよいでしょう。

(1) $\dfrac{1}{6}+0.2=\dfrac{1}{6}+\dfrac{2}{10}=\dfrac{1}{6}+\dfrac{1}{5}=\dfrac{5}{30}+\dfrac{6}{30}=\dfrac{11}{30}$

(2) $\dfrac{1}{7}+0.7=\dfrac{1}{7}+\dfrac{7}{10}=\dfrac{10}{70}+\dfrac{49}{70}=\dfrac{59}{70}$

(3) $\dfrac{1}{3}+0.6=\dfrac{1}{3}+\dfrac{6}{10}=\dfrac{1}{3}+\dfrac{3}{5}=\dfrac{5}{15}+\dfrac{9}{15}=\dfrac{14}{15}$

(4) $\dfrac{5}{6}+0.1=\dfrac{5}{6}+\dfrac{1}{10}=\dfrac{25}{30}+\dfrac{3}{30}=\dfrac{28}{30}=\dfrac{14}{15}$

(5) $\dfrac{2}{3}+0.75=\dfrac{2}{3}+\dfrac{75}{100}=\dfrac{2}{3}+\dfrac{3}{4}=\dfrac{8}{12}+\dfrac{9}{12}=\dfrac{17}{12}\left(1\dfrac{5}{12}\right)$

(6) $\dfrac{3}{7}+0.25=\dfrac{3}{7}+\dfrac{25}{100}=\dfrac{3}{7}+\dfrac{1}{4}=\dfrac{12}{28}+\dfrac{7}{28}=\dfrac{19}{28}$

🔄 分数のたし算やひき算では、はじめに通分することに注意しましょう。

(1) $\dfrac{3}{10}-\dfrac{1}{12}=\dfrac{18}{60}-\dfrac{5}{60}=\dfrac{13}{60}$

(2) $\dfrac{11}{18}-\dfrac{5}{12}=\dfrac{22}{36}-\dfrac{15}{36}=\dfrac{7}{36}$

62 3つの分数のたし算　125ページ

① (1) $\dfrac{53}{63}$　(2) $\dfrac{53}{90}$　(3) $\dfrac{29}{36}$　(4) $\dfrac{17}{21}$

　(5) $\dfrac{7}{10}$　(6) $\dfrac{19}{20}$　(7) $\dfrac{59}{72}$　(8) $\dfrac{25}{28}$

　(9) $\dfrac{33}{40}$

② (1) $\dfrac{25}{42}$　(2) $\dfrac{11}{12}$　(3) $\dfrac{5}{6}$　(4) $\dfrac{19}{24}$

　(5) $\dfrac{17}{20}$　(6) $\dfrac{23}{36}$　(7) $\dfrac{19}{20}$

🔄 (1) $2\dfrac{11}{24}\left(\dfrac{59}{24}\right)$　(2) $4\dfrac{3}{8}\left(\dfrac{35}{8}\right)$

> まちがえたら、解き直しましょう。

◁» ポイント

① 3つの分数のたし算でも、まず通分して分母をそろえてから計算します。答えが約分できるときには、必ず約分して答えましょう。

(1) $\dfrac{2}{7}+\dfrac{2}{9}+\dfrac{1}{3}=\dfrac{18}{63}+\dfrac{14}{63}+\dfrac{21}{63}=\dfrac{53}{63}$

(2) $\dfrac{2}{9}+\dfrac{1}{5}+\dfrac{1}{6}=\dfrac{20}{90}+\dfrac{18}{90}+\dfrac{15}{90}=\dfrac{53}{90}$

(3) $\dfrac{1}{4}+\dfrac{2}{9}+\dfrac{1}{3}=\dfrac{9}{36}+\dfrac{8}{36}+\dfrac{12}{36}=\dfrac{29}{36}$

(4) $\dfrac{1}{7}+\dfrac{1}{6}+\dfrac{1}{2}=\dfrac{6}{42}+\dfrac{7}{42}+\dfrac{21}{42}=\dfrac{34}{42}=\dfrac{17}{21}$

(5) $\dfrac{1}{5}+\dfrac{1}{6}+\dfrac{1}{3}=\dfrac{6}{30}+\dfrac{5}{30}+\dfrac{10}{30}=\dfrac{21}{30}=\dfrac{7}{10}$

(6) $\dfrac{1}{5}+\dfrac{1}{4}+\dfrac{1}{2}=\dfrac{4}{20}+\dfrac{5}{20}+\dfrac{10}{20}=\dfrac{19}{20}$

(7) $\dfrac{1}{8}+\dfrac{4}{9}+\dfrac{1}{4}=\dfrac{9}{72}+\dfrac{32}{72}+\dfrac{18}{72}=\dfrac{59}{72}$

(8) $\dfrac{1}{7}+\dfrac{1}{4}+\dfrac{1}{2}=\dfrac{4}{28}+\dfrac{7}{28}+\dfrac{14}{28}=\dfrac{25}{28}$

(9) $\dfrac{1}{5}+\dfrac{3}{8}+\dfrac{1}{4}=\dfrac{8}{40}+\dfrac{15}{40}+\dfrac{10}{40}=\dfrac{33}{40}$

② (1) $\dfrac{1}{7}+\dfrac{3}{14}+\dfrac{5}{21}=\dfrac{6}{42}+\dfrac{9}{42}+\dfrac{10}{42}=\dfrac{25}{42}$

(2) $\dfrac{5}{12}+\dfrac{1}{3}+\dfrac{1}{6}=\dfrac{5}{12}+\dfrac{4}{12}+\dfrac{2}{12}=\dfrac{11}{12}$

(3) $\dfrac{1}{3}+\dfrac{5}{18}+\dfrac{2}{9}=\dfrac{6}{18}+\dfrac{5}{18}+\dfrac{4}{18}=\dfrac{15}{18}=\dfrac{5}{6}$

(4) $\dfrac{5}{24}+\dfrac{1}{6}+\dfrac{5}{12}=\dfrac{5}{24}+\dfrac{4}{24}+\dfrac{10}{24}=\dfrac{19}{24}$

(5) $\dfrac{1}{4}+\dfrac{1}{10}+\dfrac{1}{2}=\dfrac{5}{20}+\dfrac{2}{20}+\dfrac{10}{20}=\dfrac{17}{20}$

(6) $\dfrac{7}{18}+\dfrac{1}{6}+\dfrac{1}{12}=\dfrac{14}{36}+\dfrac{6}{36}+\dfrac{3}{36}=\dfrac{23}{36}$

(7) $\dfrac{1}{2} + \dfrac{3}{10} + \dfrac{3}{20} = \dfrac{10}{20} + \dfrac{6}{20} + \dfrac{3}{20} = \dfrac{19}{20}$

🔁帯分数のたし算やひき算では、分数部分を通分してから計算します。

(1) $2\dfrac{3}{4} - \dfrac{7}{24} = 2\dfrac{18}{24} - \dfrac{7}{24} = 2\dfrac{11}{24}\left(\dfrac{59}{24}\right)$

(2) $5\dfrac{1}{8} - \dfrac{3}{4} = 5\dfrac{1}{8} - \dfrac{6}{8} = 4\dfrac{9}{8} - \dfrac{6}{8} = 4\dfrac{3}{8}\left(\dfrac{35}{8}\right)$

---

63 3つの分数のたし算、ひき算　127ページ

❶ (1) $\dfrac{11}{18}$　(2) $\dfrac{3}{28}$　(3) $\dfrac{53}{70}$　(4) $\dfrac{7}{24}$

(5) $\dfrac{5}{24}$　(6) $\dfrac{25}{56}$　(7) $\dfrac{7}{24}$　(8) $\dfrac{7}{18}$

(9) $\dfrac{3}{8}$

❷ (1) $\dfrac{2}{5}$　(2) $\dfrac{2}{5}$　(3) $\dfrac{1}{6}$　(4) $\dfrac{7}{48}$

(5) $\dfrac{3}{16}$　(6) $\dfrac{3}{16}$　(7) $\dfrac{19}{60}$

🔁 (1) $3\dfrac{1}{4}\left(\dfrac{13}{4}\right)$　(2) $1\dfrac{4}{9}\left(\dfrac{13}{9}\right)$

> まちがえたら、解き直しましょう。

🔊 ポイント

❶3つの分数のたし算やひき算でも、まず通分して分母をそろえてから計算します。

(1) $\dfrac{1}{2} + \dfrac{2}{3} - \dfrac{5}{9} = \dfrac{9}{18} + \dfrac{12}{18} - \dfrac{10}{18} = \dfrac{11}{18}$

(2) $\dfrac{6}{7} - \dfrac{1}{2} - \dfrac{1}{4} = \dfrac{24}{28} - \dfrac{14}{28} - \dfrac{7}{28} = \dfrac{3}{28}$

---

(3) $\dfrac{3}{5} - \dfrac{1}{7} + \dfrac{3}{10} = \dfrac{42}{70} - \dfrac{10}{70} + \dfrac{21}{70} = \dfrac{53}{70}$

(4) $\dfrac{3}{4} - \dfrac{1}{3} - \dfrac{1}{8} = \dfrac{18}{24} - \dfrac{8}{24} - \dfrac{3}{24} = \dfrac{7}{24}$

(5) $\dfrac{2}{3} + \dfrac{3}{8} - \dfrac{5}{6} = \dfrac{16}{24} + \dfrac{9}{24} - \dfrac{20}{24} = \dfrac{5}{24}$

(6) $\dfrac{5}{8} - \dfrac{3}{7} + \dfrac{1}{4} = \dfrac{35}{56} - \dfrac{24}{56} + \dfrac{14}{56} = \dfrac{25}{56}$

(7) $\dfrac{2}{3} - \dfrac{1}{4} - \dfrac{1}{8} = \dfrac{16}{24} - \dfrac{6}{24} - \dfrac{3}{24} = \dfrac{7}{24}$

(8) $\dfrac{2}{9} + \dfrac{1}{2} - \dfrac{1}{3} = \dfrac{4}{18} + \dfrac{9}{18} - \dfrac{6}{18} = \dfrac{7}{18}$

(9) $\dfrac{3}{5} - \dfrac{1}{8} - \dfrac{1}{10} = \dfrac{24}{40} - \dfrac{5}{40} - \dfrac{4}{40} = \dfrac{15}{40} = \dfrac{3}{8}$

❷答えが約分できるときには、必ず約分して答えましょう。

(1) $\dfrac{7}{10} - \dfrac{4}{15} - \dfrac{1}{30} = \dfrac{21}{30} - \dfrac{8}{30} - \dfrac{1}{30} = \dfrac{12}{30} = \dfrac{2}{5}$

(2) $\dfrac{1}{10} + \dfrac{1}{2} - \dfrac{1}{5} = \dfrac{1}{10} + \dfrac{5}{10} - \dfrac{2}{10} = \dfrac{4}{10} = \dfrac{2}{5}$

(3) $\dfrac{4}{5} - \dfrac{7}{10} + \dfrac{1}{15} = \dfrac{24}{30} - \dfrac{21}{30} + \dfrac{2}{30} = \dfrac{5}{30} = \dfrac{1}{6}$

(4) $\dfrac{5}{24} + \dfrac{3}{8} - \dfrac{7}{16} = \dfrac{10}{48} + \dfrac{18}{48} - \dfrac{21}{48} = \dfrac{7}{48}$

(5) $\dfrac{11}{12} - \dfrac{7}{16} - \dfrac{7}{24} = \dfrac{44}{48} - \dfrac{21}{48} - \dfrac{14}{48} = \dfrac{9}{48} = \dfrac{3}{16}$

(6) $\dfrac{5}{8} - \dfrac{1}{2} + \dfrac{1}{16} = \dfrac{10}{16} - \dfrac{8}{16} + \dfrac{1}{16} = \dfrac{3}{16}$

(7) $\dfrac{2}{5} + \dfrac{4}{15} - \dfrac{7}{20} = \dfrac{24}{60} + \dfrac{16}{60} - \dfrac{21}{60} = \dfrac{19}{60}$

🔁(1)帯分数のたし算やひき算では、分数部分を通分してから、整数部分と分数部分それぞれで計算します。

$5\dfrac{1}{2} - 2\dfrac{1}{4} = 5\dfrac{2}{4} - 2\dfrac{1}{4} = 3\dfrac{1}{4}\left(\dfrac{13}{4}\right)$

(2) $\dfrac{1}{9} - \dfrac{6}{9}$ はそのままでは計算できません。このように分数部分のひき算ができないときは、整数部分から1を分数部分にくり下げます。

$7\dfrac{1}{9} - 5\dfrac{2}{3} = 7\dfrac{1}{9} - 5\dfrac{6}{9} = 6\dfrac{10}{9} - 5\dfrac{6}{9} = 1\dfrac{4}{9}\left(\dfrac{13}{9}\right)$

64 まとめのテスト❿　129ページ

❶ (1) $\dfrac{19}{30}$　(2) $\dfrac{11}{18}$　(3) $\dfrac{17}{30}$

❷ (1) $\dfrac{51}{56}$　(2) $\dfrac{7}{9}$　(3) $\dfrac{1}{5}$　(4) $\dfrac{3}{20}$

(5) $\dfrac{17}{56}$　(6) $\dfrac{3}{10}$

❸ 式…$\dfrac{4}{9} + 0.2 = \dfrac{29}{45}$　答え…$\dfrac{29}{45}$ kg

❹ 式…$\dfrac{1}{6} + \dfrac{2}{9} + \dfrac{5}{18} = \dfrac{2}{3}$　答え…$\dfrac{2}{3}$ m

❺ 式…$\dfrac{3}{8} - \dfrac{1}{4} + \dfrac{1}{16} = \dfrac{3}{16}$　答え…$\dfrac{3}{16}$ L

🔊 ポイント

❶$0.1 = \dfrac{1}{10}$ なので、0.1がいくつ集まってできた小数なのかを考えます。

(1) $\dfrac{1}{3} + 0.3 = \dfrac{1}{3} + \dfrac{3}{10} = \dfrac{10}{30} + \dfrac{9}{30} = \dfrac{19}{30}$

(2) $\dfrac{1}{9} + 0.5 = \dfrac{1}{9} + \dfrac{5}{10} = \dfrac{1}{9} + \dfrac{1}{2} = \dfrac{2}{18} + \dfrac{9}{18} = \dfrac{11}{18}$

(3) $\dfrac{1}{6} + 0.4 = \dfrac{1}{6} + \dfrac{4}{10} = \dfrac{1}{6} + \dfrac{2}{5} = \dfrac{5}{30} + \dfrac{12}{30} = \dfrac{17}{30}$

❷まず通分して分母をそろえてから計算します。答えが約分できるときには、必ず約分して答えましょう。

(1) $\dfrac{1}{4}+\dfrac{2}{7}+\dfrac{3}{8}=\dfrac{14}{56}+\dfrac{16}{56}+\dfrac{21}{56}=\dfrac{51}{56}$

(2) $\dfrac{1}{6}+\dfrac{1}{3}+\dfrac{5}{18}=\dfrac{3}{18}+\dfrac{6}{18}+\dfrac{5}{18}=\dfrac{14}{18}=\dfrac{7}{9}$

(3) $\dfrac{2}{3}-\dfrac{2}{5}-\dfrac{1}{15}=\dfrac{10}{15}-\dfrac{6}{15}-\dfrac{1}{15}=\dfrac{3}{15}=\dfrac{1}{5}$

(4) $\dfrac{17}{20}-\dfrac{2}{5}-\dfrac{3}{10}=\dfrac{17}{20}-\dfrac{8}{20}-\dfrac{6}{20}=\dfrac{3}{20}$

(5) $\dfrac{3}{7}+\dfrac{5}{8}-\dfrac{3}{4}=\dfrac{24}{56}+\dfrac{35}{56}-\dfrac{42}{56}=\dfrac{17}{56}$

(6) $\dfrac{7}{15}-\dfrac{2}{5}+\dfrac{7}{30}=\dfrac{14}{30}-\dfrac{12}{30}+\dfrac{7}{30}=\dfrac{9}{30}=\dfrac{3}{10}$

❸ $\dfrac{4}{9}+0.2=\dfrac{4}{9}+\dfrac{2}{10}=\dfrac{4}{9}+\dfrac{1}{5}=\dfrac{20}{45}+\dfrac{9}{45}$

$=\dfrac{29}{45}$ なので、$\dfrac{29}{45}$kg です。

❹ $\dfrac{1}{6}+\dfrac{2}{9}+\dfrac{5}{18}=\dfrac{3}{18}+\dfrac{4}{18}+\dfrac{5}{18}=\dfrac{12}{18}$

$=\dfrac{2}{3}$ なので、$\dfrac{2}{3}$m です。

❺ $\dfrac{3}{8}-\dfrac{1}{4}+\dfrac{1}{16}=\dfrac{6}{16}-\dfrac{4}{16}+\dfrac{1}{16}=\dfrac{3}{16}$ なので、$\dfrac{3}{16}$L です。

---

65 パズル③　131ページ

❶

(1)
分子(□+1)	5	10	15	20	25	30	35
分母(○+1)	8	16	24	32	40	48	56

(2)
分子(□)	4	9	14	19	24	29	34
分母(○)	7	15	23	31	39	47	55

(3)
分子(□−1)	3	6	9	12	15	18	21
分母(○−1)	5	10	15	20	25	30	35

(4)
分子(□)	4	7	10	13	16	19	22
分母(○)	6	11	16	21	26	31	36

(5) $\dfrac{19}{31}$

🔊 ポイント

❶(1)(3)分数では、分母と分子の両方に同じ数をかけても大きさは変わりません。小さいほうから順番に並べるので、もとの分数の分母と分子にそれぞれ3、4、5、…をかけます。

(5) (2)と(4)に共通する分母と分子の組み合わせを探すと、$\dfrac{19}{31}$ が見つかります。

---

66 平均とその利用①　133ページ

❶ (1) 77　(2) 138　(3) 410　(4) 159
(5) 454　(6) 535

❷ (1) 式…54+62+50+63+58+61=348
　　答え…348g
(2) 式…348÷6=58
　　答え…58g

❸ (1) 式…11+4+5+13+6+3=42
　　　　42÷6=7
　　合計…42点
　　平均…7点
(2) 式…8+3+9+12+4+12=48
　　　　48÷6=8
　　合計…48点
　　平均…8点
(3) 式…(42+48)÷12=7.5
　　答え…7.5点

🔄 (1) 1　(2) $\dfrac{3}{4}$

> まちがえたら、解き直しましょう。

🔊 ポイント

❶計算しやすいように数を並びかえてから計算するとまちがいが減ります。
❷(2)平均＝合計÷個数です。
❸(3)クラブ全体の得点の平均は、
クラブ全体の得点の合計÷クラブ全体の人数で求めることができます。

🔄(1) $\dfrac{1}{2}+\dfrac{1}{3}+\dfrac{1}{6}=\dfrac{3}{6}+\dfrac{2}{6}+\dfrac{1}{6}=\dfrac{6}{6}=1$

(2) $\dfrac{7}{18}+\dfrac{2}{9}+\dfrac{5}{36}=\dfrac{14}{36}+\dfrac{8}{36}+\dfrac{5}{36}=\dfrac{27}{36}=\dfrac{3}{4}$

❶ (1)式…(195+192+195+196+195+197)÷6
　　　=195
　　答え…195g
　(2)式…(3+0+3+4+3+5)÷6=3
　　答え…3g
　(3)式…192+3=195　答え…195g
❷ (1)A…10点　B…14点　C…0点　D…1点
　　E…18点　F…17点　G…3点
　(2)式…(10+14+0+1+18+17+3)÷7=9
　　答え…9点
　(3)式…72+9=81　答え…81点

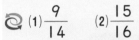 (1)$\frac{9}{14}$　(2)$\frac{15}{16}$

まちがえたら、解き直しましょう。

◁)) **ポイント**
❶(2)192gとの差が0gのものも1個として計算することに気をつけましょう。
(3)玉ねぎ6個の重さの平均は、もとにした192gに(2)で求めた平均を加えることでも求めることができます。(1)と(3)の答えが同じになることを確認しましょう。
❷(1)たとえば、82点と72点の差は10点になります。ミスに注意して計算しましょう。
(3)もとの点数の平均＝基準にした点数＋基準との差の平均です。
🔄(1)$\frac{1}{6}+\frac{1}{7}+\frac{1}{3}=\frac{7}{42}+\frac{6}{42}+\frac{14}{42}=\frac{27}{42}=\frac{9}{14}$
(2)$\frac{5}{16}+\frac{3}{8}+\frac{1}{4}=\frac{5}{16}+\frac{6}{16}+\frac{4}{16}=\frac{15}{16}$

---

❶ (1)式…816÷12=68　答え…68円
　(2)式…300÷15=20　答え…20円
　(3)式…6÷20=0.3　答え…0.3人
❷ (1)式…60÷10=6　答え…6m
　(2)式…80÷16=5　答え…5m
　(3)**ゆうと**
❸ (1)式…56÷7=8　答え…8km
　(2)式…81÷9=9　答え…9km
　(3)**自動車B**

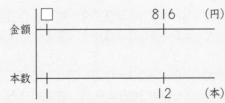 (1)$\frac{1}{24}$　(2)$\frac{17}{36}$

まちがえたら、解き直しましょう。

◁)) **ポイント**
❶えん筆1本あたりのねだんは、
合計の金額 ÷ えん筆の本数で求めることができます。

	□		816	（円）
金額				
本数	1		12	（本）

❷(1)(2)走ったきょりを時間でわって、求めます。
(3) (1)(2)の答えを比べることで、どちらが速いか調べることができます。
🔄分数のひき算なので、はじめに分母をそろえてから計算します。
(1)$\frac{2}{3}-\frac{3}{8}-\frac{1}{4}=\frac{16}{24}-\frac{9}{24}-\frac{6}{24}=\frac{1}{24}$
(2)$\frac{11}{12}-\frac{1}{9}-\frac{1}{3}=\frac{33}{36}-\frac{4}{36}-\frac{12}{36}=\frac{17}{36}$

---

❶ (1)①A市
　　式…1500000÷557=2692.9…
　　答え…2693人
　　②B市
　　式…454000÷51=8901.9…
　　答え…8902人
　　③C市
　　式…522000÷534=977.5…
　　答え…978人
　　④D市
　　式…93000÷18=5166.6…
　　答え…5167人
　(2)**B市**
❷ (1)式…875÷7=125　答え…125円
　(2)式…1150÷10=115　答え…115円
　(3)式…1575÷15=105　答え…105円
　(4)**C店**

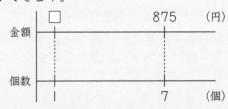 (1)$\frac{13}{42}$　(2)$\frac{7}{12}$

まちがえたら、解き直しましょう。

◁)) **ポイント**
❶人口密度は人口 ÷ 面積で求めることができます。
❷(1)1個あたりのねだんは、金額 ÷ 個数で求めることができます。

	□		875	（円）
金額				
個数	1		7	（個）

◎たし算とひき算の混じった分数の計算です。たすのか、ひくのか、まちがえないように計算しましょう。

(1) $\dfrac{1}{3} + \dfrac{1}{7} - \dfrac{1}{6} = \dfrac{14}{42} + \dfrac{6}{42} - \dfrac{7}{42} = \dfrac{13}{42}$

(2) $\dfrac{5}{6} - \dfrac{3}{4} + \dfrac{1}{2} = \dfrac{10}{12} - \dfrac{9}{12} + \dfrac{6}{12} = \dfrac{7}{12}$

70 まとめのテスト⓫ 141ページ

❶ (1)式…53+51+54+55+47+46=306
　　306÷6=51
　　合計…306g　平均…51g
　(2)式…47+50+51+52+50+44=294
　　294÷6=49
　　合計…294g　平均…49g
　(3)式…49+48+45+51+54+53=300
　　300÷6=50
　　合計…300g　平均…50g
　(4)式…(306+294+300)÷18=50
　　答え…50g
❷ (1)式…1100÷10=110　答え…110円
　(2)式…1740÷6=290　答え…290円
　(3)式…2640÷12=220　答え…220mL
❸ (1)式…480÷8=60　答え…60cm
　(2)式…660÷12=55　答え…55cm
　(3)そうた

◁ ポイント
❶(1)～(3)平均＝合計÷個数で求めます。
(4)全体のたまごの重さの平均は、買ったたまご全体の重さの合計÷たまごの個数で求めることができます。

❷ボールペン1本あたりのねだんは、合計の金額÷ボールペンの本数で求めることができます。

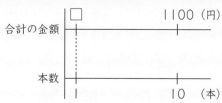

❸(1)1歩で進むきょりは、進んだきょり÷歩数で求めることができます。

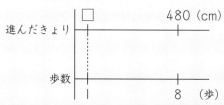

71 割合① 143ページ

❶ (1)式…180÷400=0.45　答え…0.45
　(2)式…220÷400=0.55　答え…0.55
　(3)式…36÷180=0.2　答え…0.2
　(4)式…44÷220=0.2　答え…0.2
　(5)式…36÷400=0.09　答え…0.09
　(6)式…44÷400=0.11　答え…0.11
❷ (1)式…60÷300=0.2　答え…0.2
　(2)式…90÷300=0.3　答え…0.3
　(3)式…150÷300=0.5　答え…0.5

◎ (1)629　(2)1000

> まちがえたら、解き直しましょう。

◁ ポイント
❶❷割合＝比べる量÷もとにする量です。
◎たし合わせる数が多いので、まちがえないように計算しましょう。

72 割合② 145ページ

❶ (1)式…200×0.4=80　答え…80個
　(2)式…200×0.42=84　答え…84個
　(3)式…200×0.73=146　答え…146個
　(4)式…240×0.3=72　答え…72個
　(5)式…240×0.45=108　答え…108個
　(6)式…240×0.85=204　答え…204個
❷ (1)式…190×1.1=209　答え…209人
　(2)式…210×0.9=189　答え…189人
　(3)式…(209+189)÷(190+210)=0.995
　　答え…0.995倍

◎ 式…(8+7+3+4+7+10)÷6=6.5
答え…6.5まい

> まちがえたら、解き直しましょう。

◁ ポイント
❶(1)右のような図をかいて考えると、
□=200×0.4であることがわかります。
同じように考えると、
比べる量＝もとにする量×割合という式を使って比べる量を求めることができます。
❷(3)全校児童数は、男子児童数＋女子児童数で求めることができます。
◎平均＝合計÷個数で求めます。

73 割合③　147ページ

❶ 式…25÷0.02＝1250　答え…1250m²
❷ 式…24÷0.12＝200　答え…200cm
❸ 式…36÷1.5＝24　答え…24個
❹ 式…6÷0.15＝40　答え…40人
❺ 式…200÷0.4＝500　答え…500円
❻ 式…8÷0.05＝160　答え…160個
❼ 式…200÷0.2＝1000　答え…1000m
❽ 式…3÷0.2＝15　答え…15m

🔄 (1)式…732÷6＝122　答え…122g
　　(2)式…285÷5＝57　答え…57円

> まちがえたら、解き直しましょう。

🔊 ポイント

❶ 右のような図をかいて考えると、□＝25÷0.02であることがわかります。

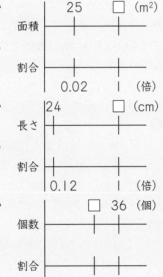

❷ 右のような図をかいて考えると、□＝24÷0.12であることがわかります。

❸ 右のような図をかいて考えると、□＝36÷1.5であることがわかります。

❹ 右のような図をかいて考えると、□＝6÷0.15であることがわかります。

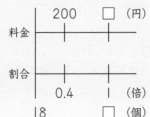

❺ 右のような図をかいて考えると、□＝200÷0.4であることがわかります。

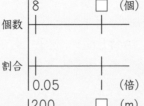

❻ 右のような図をかいて考えると、□＝8÷0.05であることがわかります。

❼ 右のような図をかいて考えると、□＝200÷0.2であることがわかります。

❽ 右のような図をかいて考えると、□＝3÷0.2であることがわかります。

🔄 1個あたりの数を求めるには、全体の量÷全体の個数を計算します。

74 割合④　149ページ

❶ (1)20%　(2)80%　(3)40%　(4)99%
　(5)4%　(6)74%　(7)88%　(8)46%
　(9)22%　(10)69%　(11)0.3　(12)0.4
　(13)0.1　(14)0.86　(15)0.57　(16)0.68
　(17)0.93　(18)0.33　(19)0.36　(20)0.13

❷ (1)0.2
　(2)式…1600÷(1−0.2)＝2000
　　答え…2000円

❸ 式…2100÷(1−0.3)＝3000
　答え…3000円

🔄 (1)式…2700000÷225＝12000
　　答え…12000人
　(2)式…1400000÷830＝1686.7…
　　答え…1687人

> まちがえたら、解き直しましょう。

🔊 ポイント

❶ 小数や整数を％にするときには、100をかけます。また、％を小数や整数にするときには、100でわります。
(1)0.2×100＝20(%)
(3)0.4×100＝40(%)
(5)0.04×100＝4(%)
(7)0.88×100＝88(%)
(9)0.22×100＝22(%)
(11)30÷100＝0.3
(13)10÷100＝0.1
(15)57÷100＝0.57
(17)93÷100＝0.93
(19)36÷100＝0.36

❷(2) 小数でいうと0.2倍だけね引きされているので、1－0.2＝0.8より、もとのねだんの0.8倍になっています。そのため、もとのねだんを求めるには、0.8でわります。

❸ 小数でいうと0.3倍だけね引きされているので、1－0.3＝0.7より、もとのねだんの0.7倍になっています。そのため、もとのねだんを求めるには、0.7でわります。

🔄 人口密度はふつう、面積1km²あたりの人数で表します。そのため、人口密度＝人口÷面積で求めることができます。一の位までのがい数で求めるので、小数第1位を四捨五入します。

| 75 | まとめのテスト⑫ | 151ページ |

❶ (1)20%　(2)0.8　(3)40%
　(4)0.99　(5)4%　(6)0.74
❷ (1)式…60÷150＝0.4　答え…0.4
　(2)式…90÷150＝0.6　答え…0.6
❸ (1)1.25
　(2)式…260×1.25＝325　答え…325円
❹ 式…42÷0.21＝200　答え…200ページ
❺ 式…1560÷(1＋0.3)＝1200
　答え…1200円

◁)) ポイント
❶ 小数や整数を%にするときは100をかけます。また、%を小数や整数にするときは100でわります。
(1)0.2×100＝20(%)
(2)80÷100＝0.8
(3)0.4×100＝40(%)
(4)99÷100＝0.99
(5)0.04×100＝4(%)
(6)74÷100＝0.74

❷ 割合＝比べる量÷もとにする量です。
❸ (1)125÷100＝1.25
❹ 右のような図をかいて考えると、
□＝42÷0.21であることがわかります。

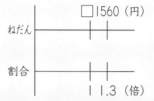

❺ もとのねだんから30%のね上げをしているので、小数で表すと0.3倍だけね上げされています。よって、もとのねだんの1＋0.3＝1.3(倍)になっています。右のような図をかいて考えると、
□＝1560÷1.3であることがわかります。

| 76 | 速さ① | 153ページ |

❶ (1)60　(2)50　(3)20　(4)50
　(5)150　(6)20　(7)6　(8)18
　(9)3.6　(10)15
❷

	秒速	分速	時速
ハト	42m	2520m	151.2km
チーター	32m	1920m	115.2km
ライオン	22m	1320m	79.2km
キリン	14m	840m	50.4km
アフリカゾウ	11m	660m	39.6km
小学5年生	6m	360m	21.6km

🔄 (1)式…27÷50＝0.54　答え…0.54
　(2)式…23÷50＝0.46　答え…0.46

まちがえたら、解き直しましょう。

◁)) ポイント
❶ 速さ＝道のり÷時間です。
単位に注意して計算しましょう。
(1)420÷7＝60(m)
(2)150÷3＝50(km)
(3)200÷10＝20(m)
(4)2km＝2000mなので、2000÷40＝50(m)
(5)9km＝9000m、1時間＝60分なので、9000÷60＝150(m)
(6)144÷2＝72なので、時速72km
72km＝72000mなので、
72000÷60＝1200
1200÷60＝20なので、秒速20m
(7)3.6km＝3600m、10分＝600秒で、3600÷600＝6なので、秒速6m
(8)100÷20＝5なので、秒速5m
5×60＝300なので、分速300m
300×60＝18000なので、時速18000m
単位をkmに直して、時速18km
(9)600÷10＝60なので、分速60m
60×60＝3600なので、時速3600m
単位をkmに直して、時速3.6km
(10)900÷60＝15なので、分速15m
❷・ハトについて
151.2km＝151200m
151200÷60＝2520なので、分速2520m
2520÷60＝42なので、秒速42m
・チーターについて
1920×60＝115200で、
115200m＝115.2kmなので、時速115.2km
1920÷60＝32なので、秒速32m

・ライオンについて
22×60＝1320なので、分速1320m
1320×60＝79200で、
79200m＝79.2kmなので、時速79.2km
・キリンについて
50.4km＝50400m
50400÷60＝840なので、分速840m
840÷60＝14なので、秒速14m
・アフリカゾウについて
660×60＝39600で、
39600m＝39.6kmなので、時速39.6km
660÷60＝11なので、秒速11m
・小学5年生について
6×60＝360なので、分速360m
360×60＝21600で、
21600m＝21.6kmなので、時速21.6km
⟳割合＝比べる量÷もとにする量 です。

---

77 速さ②　　　　　　　　　　155ページ

❶ (1)720　　　　　　(2)64
　(3)90　　　　　　　(4)3300
　(5)72　　　　　　　(6)900
　(7)1200　　　　　　(8)86400
　(9)102　　　　　　　(10)2
❷ (1)30
　(2)150m
　(3)式…150÷30＝5　答え…5秒

⟳ (1)式…460×0.6＝276　答え…276個
　(2)式…460×0.15＝69　答え…69個

まちがえたら、解き直しましょう。

◁» **ポイント**
❶道のり＝速さ×時間です。
(1)60×12＝720(m)
(2)32×2＝64(km)
(3)6×15＝90(m)
(4)1時間＝60分なので、
55×60＝3300(m)
(5)40分＝2400秒なので、
30×2400＝72000(m)
単位をkmに直して、72km
(6)324km＝324000m
324000÷60＝5400(m)
5400÷60＝90なので、秒速90m
90×10＝900なので、900m
(7)3600÷60＝60なので、秒速60m
60×20＝1200なので、1200m
(8)12×60＝720(km)
720×60＝43200なので、時速43200km
43200×2＝86400なので、86400km
(9)360÷60＝6なので、分速6m
6×17＝102なので、102m
(10)3÷60＝0.05なので、分速0.05km
0.05×40＝2なので、2km
❷(1)108km＝108000m
108000÷60＝1800(m)
1800÷60＝30(m)
(3)150mを秒速30mで進むので、
150÷30＝5(秒)
⟳比べる量＝もとにする量×割合です。

---

78 速さ③　　　　　　　　　　157ページ

❶ (1)12　　(2)3　　(3)7　　(4)3
　(5)42　　(6)20　　(7)50　　(8)1、30
　(9)15　　(10)3
❷ (1)40
　(2)式…180＋720＝900
　　答え…900m
　(3)式…900÷40＝22.5
　　答え…22.5秒

⟳ 式…1800×(1－0.2)＝1440
　答え…1440円

まちがえたら、解き直しましょう。

◁» **ポイント**
❶時間＝道のり÷速さです。
(1)840÷70＝12(分)
(2)105÷35＝3(時間)
(3)49÷7＝7(秒)
(4)108km＝108000m
108000÷600＝180(分)
180÷60＝3なので、3時間
(5)5×60＝300なので、分速300m
12.6km＝12600m
12600÷300＝42なので、42分
(6)108km＝108000m
108000÷60＝1800(m)
1800÷60＝30なので、秒速30m
600÷30＝20なので、20秒
(7)60÷60＝1なので、秒速1m
50÷1＝50なので、50秒

(8) $20×60＝1200$なので、分速1200m
$1200×60＝72000$で、
72000m＝72kmなので、時速72km
$108÷72＝1.5$（時間）
0.5時間＝30分なので、1時間30分

(9) $90÷360＝0.25$（時間）
$60×0.25＝15$（分）

(10) 162km＝162000m
$162000÷60＝2700$なので、分速2700m
$2700÷60＝45$なので、秒速45m
$135÷45＝3$なので、3秒

❷(1) 144km＝144000m
$144000÷60＝2400$（m）
$2400÷60＝40$なので、秒速40m

(2) 電車がトンネルに
入り始めてから出始
めるまでのきょりは
電車の長さとトンネ
ルの長さをたしたも
のになります。

(3) 時間＝道のり÷速さだから、
$900÷40＝22.5$（秒）

❷ 20％＝0.2より
20％引きのねだん
はもとのねだんの
$1－0.2＝0.8$（倍）
なので右のような図
をかいて考えると、□＝1800×0.8であること
がわかります。

同じように考えると、比べる量＝もとにする量×
割合という式を使って比べる量を求めることができ
ます。

---

❶ (1) 10　　　　(2) 2
　(3) 3　　　　(4) 36
　(5) 7.2　　　(6) 2500
　(7) 140　　　(8) 108
　(9) 0.5　　　(10) 50

❷ (1)

	秒速	分速	時速
競走馬	18m	1080m	64.8km
自転車	20m	1200m	72km

(2) **自転車**

❸ (1) 式…$90÷18＝5$
　　　答え…5
　(2) 式…$120÷20＝6$
　　　答え…6

📢 **ポイント**

❶(1)〜(4)速さ＝道のり÷時間です。
(5)〜(8)道のり＝速さ×時間です。
(9)〜(10)時間＝道のり÷速さです。
(1) $54÷1.5＝36$なので、時速36km
36km＝36000mなので、
$36000÷60＝600$（m）
$600÷60＝10$（m）
秒速10m
(2) 4.8km＝4800m、40分＝2400秒なので、
$4800÷2400＝2$（m）
秒速2m
(3) $1000÷20＝50$なので、分速50m
$50×60＝3000$（m）
単位をkmに直して、時速3km
(4) $9000÷15＝600$なので、分速600m
$600×60＝36000$（m）
単位をkmに直して、時速36km

---

(5) 40分＝2400秒なので、
$3×2400＝7200$（m）
単位をkmに直して、7.2km
(6) 900km＝900000m
$900000÷60＝15000$（m）
$15000÷60＝250$なので、秒速250m
$250×10＝2500$なので、2500m
(7) $84÷60＝1.4$なので、秒速1.4m
$1.4×100＝140$なので、140m
(8) $15×60＝900$（m）
$900×60＝54000$（m）
単位をkmに直して、時速54km
$54×2＝108$なので、108km
(9) 54km＝54000m
$54000÷1800＝30$（分）
$30÷60＝0.5$なので、0.5時間
(10) $1.2×60＝72$なので、分速72m
3.6km＝3600m
$3600÷72＝50$なので、50分

❷・競走馬について
$18×60＝1080$なので、分速1080m
$1080×60＝64800$なので、時速64800m
単位をkmに直して、時速64.8km
・競輪選手が乗る自転車について
72km＝72000m
$72000÷60＝1200$なので、分速1200m
$1200÷60＝20$なので、秒速20m

❸速さ＝道のり÷時間です。

80 パズル④　161ページ

❶ (1)（上から順に）2000、100、20
　 (2)（上から順に）2000、20、100

❷ ⑰

🔊 **ポイント**

❶(1) 2人が合わせて1周分、つまり2000m進んだとき、出会います。
また、2人は1分間に合わせて60+40=100(m)進みます。
2人が出会うのは2000÷100=20(分後)
(2) 2人の差が1周分、つまり2000mになったとき、出会います。
また、2人は1分間に60-40=20(m)差がつきます。
2人が出会うのは2000÷20=100(分後)

❷ 出会うまでの時間を求めていきます。
⑦ 1600÷(70+30)=16(分)
⑦ 1800÷(80+40)=15(分)
⑦ 640÷(75-35)=16(分)
⑰ 700÷(80-30)=14(分)
よって、2人が出会うのが最も早いのは⑰です。

81 総復習＋先取り①　163ページ

❶ (1) 236　　(2) 7　　(3) 93.6
　 (4) 74.5　(5) 842　(6) 8337
　 (7) 2.57　(8) 7.23　(9) 1.53
　(10) 7.85　(11) 0.954　(12) 8.828

❷ (1) 65m³　(2) 49000cm³
　 (3) 35dL　(4) 9kL

❸ (1) 35　(2) 18
　 (3) 72　(4) 70
　 (5) 36　(6) 120

❹ (1) 5　(2) 4
　 (3) 8　(4) 12
　 (5) 6　(6) 8

❺ 62

🔊 **ポイント**

❶ 整数や小数に10、100、1000をかけると、小数点は右にそれぞれ1つ、2つ、3つ移動します。
また、整数や小数を10、100、1000でわると、小数点は左にそれぞれ1つ、2つ、3つ移動します。

❷(1) 1kL=1m³です。よって、65×1=65(m³)です。
(2) 1L=1000mL=1000cm³です。よって、49×1000=49000(cm³)です。
(3) 1dL=100mL=100cm³です。よって、3500÷100=35(dL)です。
(4) 1kL=1000000mL=1000000cm³です。よって、9000000÷1000000=9(kL)です。

❸ 最小公倍数は、いくつかの整数に共通する倍数のうち最も小さいものです。
(1) 5の倍数は5、10、15、20、25、30、35、…、7の倍数は7、14、21、28、35、…です。
(2) 2の倍数は2、4、6、8、10、12、14、16、18、…、9の倍数は9、18、…です。

(3) 18の倍数は18、36、54、72、…、24の倍数は24、48、72、…です。
(4) 10の倍数は10、20、30、40、50、60、70、…、35の倍数は35、70、…です。
(5) 12の倍数は12、24、36、…、18の倍数は18、36、…、36の倍数は36、…です。
(6) 15の倍数は15、30、45、60、75、90、105、120…です。24の倍数は、24、48、72、96、120、…です。40の倍数は、40、80、120、…です。

❹ 最大公約数は、いくつかの整数に共通する約数のうち、最も大きいものです。
(1) 5の約数は、1、5です。15の約数は、1、3、5、15です。
(2) 12の約数は、1、2、3、4、6、12です。16の約数は、1、2、4、8、16です。
(3) 24の約数は、1、2、3、4、6、8、12、24です。32の約数は、1、2、4、8、16、32です。
(4) 36の約数は、1、2、3、4、6、9、12、18、36です。60の約数は、1、2、3、4、5、6、10、12、15、20、30、60です。
(5) 12の約数は、1、2、3、4、6、12です。18の約数は、1、2、3、6、9、18です。30の約数は、1、2、3、5、6、10、15、30です。
(6) 56の約数は、1、2、4、7、8、14、28、56です。72の約数は、1、2、3、4、6、8、9、12、18、24、36、72です。96の約数は、1、2、3、4、6、8、12、16、24、32、48、96です。

❺ ⑦から2をひいた数を⑦とします。⑦は、4、5、6の最小公倍数です。4の倍数は、4、8、12、…、52、56、60、…です。5の倍数は、5、10、15、…、50、55、60、…です。6の倍数は6、12、18、…、48、54、60、…です。よって、⑦は60です。⑦は⑦に2をたした数なので、60+2=62です。

82 総復習＋先取り② 165ページ

❶ (1)181.3　(2)590.55　(3)182.64
　(4)0.966　(5)0.576　(6)0.799
❷ (1)0.6　(2)0.55　(3)7.5
❸ 式…(10＋9＋8＋0＋9＋8＋5)÷7＝7
　答え…7点
❹ (1)式…170÷5＝34　答え…34個
　(2)式…245÷7＝35　答え…35個
　(3)ベスト
❺ (1)式…30×6＝180　答え…180回
　(2)式…180－(37＋28＋31＋26＋40)＝18
　　答え…18回

ポイント

❶小数のかけ算の筆算では、まず小数点をのぞいて考えて計算したあと、かけられる数・かける数の小数点以下のけた数の合計分だけ、小数点を左に動かします。

$$(1)\quad \begin{array}{r} 51.8 \\ \times\ 3.5 \\ \hline 2590 \\ 1554 \\ \hline 181.30 \end{array}\quad (2)\quad \begin{array}{r} 63.5 \\ \times\ 9.3 \\ \hline 1905 \\ 5715 \\ \hline 590.55 \end{array}\quad (3)\quad \begin{array}{r} 76.1 \\ \times\ 2.4 \\ \hline 3044 \\ 1522 \\ \hline 182.64 \end{array}$$

$$(4)\quad \begin{array}{r} 0.69 \\ \times\ 1.4 \\ \hline 276 \\ 69 \\ \hline 0.966 \end{array}\quad (5)\quad \begin{array}{r} 0.16 \\ \times\ 3.6 \\ \hline 96 \\ 48 \\ \hline 0.576 \end{array}\quad (6)\quad \begin{array}{r} 0.17 \\ \times\ 4.7 \\ \hline 119 \\ 68 \\ \hline 0.799 \end{array}$$

❷小数のわり算の筆算では、わる数・わられる数それぞれの小数点を同じだけ右にずらし、わる数を整数にして計算します。

$$(1)\quad 4{,}4\overline{)2{,}6{.}4} \begin{array}{r} 0.6 \\ \underline{2\ 6\ 4} \\ 0 \end{array}\qquad (2)\quad 3{,}4\overline{)1{,}8{.}7} \begin{array}{r} 0.55 \\ 1\ 7\ 0 \\ \underline{1\ 7\ 0} \\ 1\ 7\ 0 \\ \underline{1\ 7\ 0} \\ 0 \end{array}$$

$$(3)\quad 1{,}6\overline{)1\ 2\ 0} \begin{array}{r} 7.5 \\ 1\ 1\ 2 \\ \hline 8\ 0 \\ \underline{8\ 0} \\ 0 \end{array}$$

❸平均＝合計÷個数で求めます。

❹1日あたりの個数＝全部の個数÷日数で求めます。

❺(1)合計を個数でわったものが平均なので、平均に個数をかけると合計になります。
(2)記録がわからない人の回数を□とすると、
37＋28＋31＋26＋40＋□＝180です。よって、□＝180－(37＋28＋31＋26＋40)で求めることができます。

83 総復習＋先取り③ 167ページ

❶ (1)$\dfrac{17}{20}$　(2)$\dfrac{3}{5}$　(3)$\dfrac{37}{40}$
❷ (1)$\dfrac{53}{90}$　(2)$\dfrac{47}{72}$　(3)$\dfrac{17}{63}$　(4)$\dfrac{1}{6}$
　(5)$\dfrac{4}{7}$　(6)$\dfrac{1}{3}$
❸ 式…5÷0.02＝250　答え…250人
❹ (1)式…1500÷50＝30　答え…30分
　(2)式…1500÷(30－15)＝100
　　答え…分速100m
❺ (1)$\dfrac{47}{48}$　(2)$\dfrac{35}{48}$　(3)$\dfrac{13}{20}$

ポイント

❶$0.1＝\dfrac{1}{10}$を利用して、小数を分数に直します。

$(2)\dfrac{1}{5}+0.4=\dfrac{1}{5}+\dfrac{4}{10}=\dfrac{1}{5}+\dfrac{2}{5}=\dfrac{3}{5}$

$(3)\dfrac{1}{8}+0.8=\dfrac{1}{8}+\dfrac{8}{10}=\dfrac{1}{8}+\dfrac{4}{5}=\dfrac{5}{40}+\dfrac{32}{40}=\dfrac{37}{40}$

❷まず通分して分母をそろえてから計算します。答えが約分できるときには、必ず約分して答えましょう。

$(1)\dfrac{1}{5}+\dfrac{2}{9}+\dfrac{1}{6}=\dfrac{18}{90}+\dfrac{20}{90}+\dfrac{15}{90}=\dfrac{53}{90}$

$(2)\dfrac{5}{24}+\dfrac{5}{18}+\dfrac{1}{6}=\dfrac{15}{72}+\dfrac{20}{72}+\dfrac{12}{72}=\dfrac{47}{72}$

$(3)\dfrac{5}{7}-\dfrac{1}{9}-\dfrac{1}{3}=\dfrac{45}{63}-\dfrac{7}{63}-\dfrac{21}{63}=\dfrac{17}{63}$

$(4)\dfrac{9}{10}-\dfrac{1}{6}-\dfrac{17}{30}=\dfrac{27}{30}-\dfrac{5}{30}-\dfrac{17}{30}=\dfrac{5}{30}=\dfrac{1}{6}$

$(5)\dfrac{1}{2}+\dfrac{2}{7}-\dfrac{3}{14}=\dfrac{7}{14}+\dfrac{4}{14}-\dfrac{3}{14}=\dfrac{8}{14}=\dfrac{4}{7}$

$(6)\dfrac{11}{18}-\dfrac{5}{12}+\dfrac{5}{36}=\dfrac{22}{36}-\dfrac{15}{36}+\dfrac{5}{36}=\dfrac{12}{36}=\dfrac{1}{3}$

❸右のような図をかいて考えると、□＝5÷0.02であることがわかります。

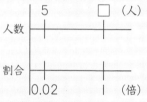

❹(1)時間＝道のり÷速さの式を使います。
(2)学校に行くのにかかった時間が30分だったので、学校から帰ってくるのにかかった時間は
30－15＝15(分)です。
これをもとに、速さ＝道のり÷時間の式を使います。

❺まず通分して分母をそろえてから計算します。

$(1)\dfrac{1}{4}+\dfrac{5}{24}+\dfrac{3}{8}+\dfrac{7}{48}=\dfrac{12}{48}+\dfrac{10}{48}+\dfrac{18}{48}+\dfrac{7}{48}=\dfrac{47}{48}$

$(2)\dfrac{1}{24}+\dfrac{1}{16}+\dfrac{1}{2}+\dfrac{1}{8}=\dfrac{2}{48}+\dfrac{3}{48}+\dfrac{24}{48}+\dfrac{6}{48}=\dfrac{35}{48}$

$(3)\dfrac{3}{8}+\dfrac{1}{10}+\dfrac{3}{20}+\dfrac{1}{40}=\dfrac{15}{40}+\dfrac{4}{40}+\dfrac{6}{40}+\dfrac{1}{40}=\dfrac{26}{40}=\dfrac{13}{20}$